基层农技人员培训重点图书

奶牛健康养殖及疫病防控实用技术

魏荣贵　云　鹏　潘卫凤　主编

中国农业科学技术出版社

图书在版编目（CIP）数据

奶牛健康养殖及疫病防控实用技术 / 魏荣贵，云鹏，潘卫凤主编．—北京：中国农业科学技术出版社，2015.12

ISBN 978-7-5116-2075-0

Ⅰ.①奶… Ⅱ.①魏… ②云… ③潘… Ⅲ.①乳牛—饲养管理 ②乳牛—兽疫—防疫 Ⅳ.① S823.9 ② S858.23

中国版本图书馆 CIP 数据核字（2015）第 085324 号

责任编辑 李 雪 朱 绯
责任校对 贾晓红
出版发行 中国农业科学技术出版社
北京市中关村南大街 12 号 邮编：100081
电 话 （010）82106626 82109707（编辑室）
（010）82109702（发行部） 82109709（读者服务部）
传 真 （010）82109707
网 址 http://www.castp.cn
印 刷 北京科信印刷有限公司
开 本 880 mm × 1230 mm 1/32
印 张 3.875
字 数 108 千字
版 次 2015 年 12 月第 1 版 2016 年 6 月第 2 次印刷
定 价 28.00 元

《奶牛健康养殖及疫病防控实用技术》

编 写 人 员

主　　编： 魏荣贵　云　鹏　潘卫凤

副 主 编： 侯引绪　路永强　郭江鹏　肖　炜　朱晓静

编写人员：（按拼音排序）

陈少康　崔晓东　郭　峰　胡　楠　贾海燕

金银姬　李　爽　庞　扬　齐志国　任　康

史文清　唐韶青　王　俊　王　莹　王仁华

薛振华　杨宇泽　于　泽　翟秀娟　赵　有

目录
CONTENTS

第一章 优质奶牛的品种及特性

第一节 优质奶牛品种选定

一、中国荷斯坦的前世今生

荷斯坦奶牛俗称黑白花奶牛，其育成过程已有 2 000 多年的历史，是世界最优秀的奶牛品种，早在 15 世纪就以产量高而驰名世界。荷斯坦奶牛是目前世界上产奶量最高的一个奶牛品种，荷斯坦奶牛在全世界奶牛总数量中占到了 80% ～ 90%。在我国的奶牛生产中，中国荷斯坦牛占据着主导地位。

黑白花奶牛的原产地主要为荷兰北部的西弗里斯兰省和北荷兰省。荷兰是大西洋沿岸国家，地势低湿，土地肥沃，气候温和，雨水充足，草地面积大、牧草生长旺盛，给黑白花牛的繁育提供了一个十分优越的自然环境。另外，荷兰是一个重要的海陆交通枢纽，商业发达，盛产奶酪，干酪和奶油出口曾位居世界第一，这些因素也对该奶牛品质提高起了重要的促进作用。黑白花奶牛风土驯化能力很强，几乎可适应世界的任何地方，现黑白花奶牛的足迹遍布全球。各国引进本品种后，经过风土驯化和系统的杂交改良就形成了具有各国特征的黑白花奶牛，如美国黑白花奶牛、加拿大黑白花奶牛、日本黑白花奶牛、中国黑白花奶牛等。

黑白花奶牛被引入美国后，最初成立了两个奶牛协会，一个是美国荷斯坦育种协会、另一个是美国弗里生牛登记协会，1885 年美国荷斯坦育种协会和美国弗里生牛登记协会合并为美国荷斯坦—弗里生协会。黑白花奶牛在美国经过严格系统选育后就形成了具有美国特征的美国黑白花奶牛品种，其产奶性能得到进一步提高，牛群数量不断扩大，相继被世界许多国家引进，由于美国黑白花奶牛的繁育登记工作是由美国荷斯坦——弗里生协会组织运作，随着美国黑白花奶牛数量及声誉在世界范围的不断扩大，美国将美国黑白花奶牛改名为美国荷斯坦奶牛，由于其他国家也主要由美国引进奶牛，因此，也就随之出现了加拿大荷斯坦奶牛、日本荷斯坦奶牛、德国荷斯坦奶牛等。

我国于 1992 年将中国黑白花改名为中国荷斯坦。中国荷斯坦的血统比较复杂，最初引进的主要是荷兰黑白花和德国、俄国黑白花，后来主要从美国、加拿大、日本等国引进。在繁育过程中，同我国的黄牛、滨洲牛及新中国成立前遗留下来的黑白花牛进行了杂交改良，培育成了我国的黑白花奶牛。中国黑白花过去分为北方黑白花和南方黑白花，由于交通运输、冷冻精液及胚胎技术的发展应用，现已无南北之分。中国荷斯坦具有适应性强，体格结实，生产性能高，利用年限长等特点。目前，中国荷斯坦牛的产奶量可达 6 000 ～ 10 000 kg。

二、高产荷斯坦的体型、外貌特征

1. 整体外貌特征

奶牛体型外貌的优劣与其产奶量关系非常密切。实践证明，体型外貌好的奶牛，对获取高产奶量十分重要。高产奶牛体型的基本特点是：个体乳用特征明显，从整体看，皮薄骨细而圆，被毛细短而有光泽，血管显露而粗，肌肉不发达，皮下脂肪沉积不多，体型高大，胸腹宽深，骨骼舒展，外形清秀。中躯较长，后躯和乳房十分发达。头颈、后大腿等部位棱角轮廓清晰明显，属于细致紧凑型体质。侧视、前视和背视均呈“楔形”，这种体形的母牛，消化系统、生殖系统和泌乳系统发育良好，心、肺发达，代谢旺盛，采食良好，产奶量高。毛色为黑白花，额部有白星，腹下、四肢下部、尾帚为白色。牛体表各部位名称参见图 1–1，高产奶牛外体型外貌（图 1–2）。

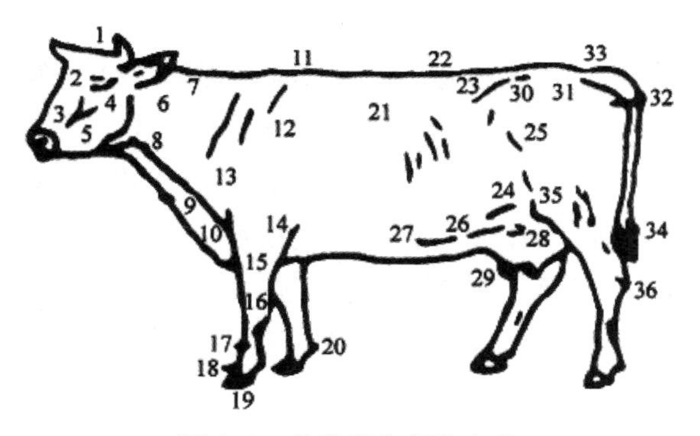

图 1–1　牛体表各部位名称

1. 枕骨脊　2. 额部　3. 鼻梁　4. 颊　5. 下颌　6. 颈　7. 后颈　8. 喉　9. 垂皮　10. 胸部　11. 耆甲　12. 肩　13. 肩关节　14. 肘部　15. 前臂　16. 腕　17. 管部　18. 系部　19. 蹄　20. 悬蹄　21. 肋　22. 背　23. 腰　24. 后胁部　25. 股　26. 乳静脉　27. 乳井　28. 乳房　29. 乳头　30. 腰角　31. 荐骨　32. 臀端　33. 尾根深　34. 尾帚　35. 膝　36. 飞节

图 1–2　高产奶牛的体型外貌

奶牛体型外貌的优劣也可参照奶牛“腹围型学说”指标综合评定，即高产奶牛符合中心两率（即腹围率等于或略高于125%，躯长率等于或略高于120%），“腹围型学说”更为形象、科学。即腹围是胸围的1.25倍，体长是体高的1.20倍。也就是说腹围发达的同时要求胸围也要发达，并且躯体具有一定的长度和高度，整体协调匀称。腹围率（%）= 腹围 / 胸围 ×100；躯长率（%）= 体长 / 体高 ×100。

2. 头颈特征

高产荷斯坦头小巧而细长，呈清秀状，轮廓清晰，头面血管十分暴露；耳朵大小适中，薄而灵活，耳上毛细血管明显；眼睛圆大、明亮、有神、机敏、温顺。口宽阔，口裂深，上下唇整齐，坚强，下颚发达，齿齐无损；鼻镜宽、鼻孔大、鼻孔鼻镜湿润，口腔及眼结膜呈粉红色，呼吸匀称。颈窄长而簿，垂肉不发达，头颈结合良好，两侧多皱纹；双耆甲、尖肩、圆肩都是体弱的表现。整个头部清秀，不可有公牛相。

3. 躯干特征

胸深、长、宽，肋骨要开张良好，可从肋骨的弯曲度和肋间距的宽度来衡量。凡肋骨弯曲成圆形、肋间距宽是胸长、宽的明证。窄胸、平肋影响呼吸、循环，是严重缺陷；中躯容积要大，以利于奶牛采食和消化大量饲草饲料，应长、宽、深。腰背反映体质强弱，与健康状况关系密切，背要平、直、长、宽、强健。凹背、弓背是严重缺陷；腹要宽、大、深、圆，不宜下垂成“草腹”或收缩成卷腹；奶牛的臀部要长、宽、平、方，尻部长、平、宽；并附有适量肌肉，长度要达到体长的1/3，短、窄、尖、斜臀是严重缺陷；坐骨间距要宽，乳房附着才能良好。

4. 蹄肢特征

四肢是支持体重和进行运动的器官，关系到健康和生产能力，好的乳房及肢蹄对提高产奶成绩十分重要。尤其后肢更为重要，要求四肢端正、关节明显、蹄质结实、健壮，无跛行，蹄壳圆亮，指（趾）间隙要清洁，内外蹄紧密对称，质地坚实、前肢肢势端正，肢间距离宽，两后肢距离宽大。在挑选牛的时候，要把牛牵到平坦的地方，行走和站立的姿势要端正，从前看，前肢应遮住后肢，前蹄与后蹄的连线和躯体中轴线要平行，两前肢的腕关节和两后肢的附关节不应靠近。前踏、后踏、内向、外向、“O”形、“X”形肢势，是严重缺陷；蹄形要正，质地坚实，蹄底平，短而圆。“猪蹄”、“山羊蹄”、“上靴蹄”是严重缺陷。

5. 乳房特征

乳房是最重要的功能性体形特征，好的乳房体积大，乳房基部应前伸后延，附着良好。乳房丰满而不下垂，用手触摸弹性好。4 个乳头均匀对称（不能有副乳头），皮肤细致，皮薄，被覆稀疏短毛。后乳区高而宽。乳头垂直呈柱形，间距匀称。乳头要大小适中，乳头孔松紧适度，乳房及下腹部的乳静脉要明显外露、粗大、弯曲多、分支多，粗大而深。同时乳房应具有一定柔软度和伸缩度，富有弹性的乳腺为腺质乳房，优质的乳房，若是结实强硬为肉质，是劣质乳房。

（1）前乳房

乳房充奶时，大而深，且底线平，充分向腹前延伸；与腹壁的附着要求紧凑，以乳房与腹壁联合处不形成明显凹陷，手指伸进去不能被包容为佳；乳头垂直向下，乳头靠近，位于各乳区中间偏内侧，这样有利于机械化挤奶。

（2）后乳房

乳腺组织顶部至阴门基部的垂直距离以 24 cm 为中等，20 cm 以下为佳，后乳房高度可显示奶牛潜在的泌乳能力，通常认为乳腺组织顶部极高的体形是当代奶牛的最佳体形结构；后乳房左右两个附着点之间的距离称为后附着宽度，对于奶牛后附着宽度越宽越好，理想宽度为 25 cm，且乳房基底部也要宽，后乳房宽度也与潜在的泌乳能力有关，后乳房极宽的体型是当代奶牛的最佳体型结构。同样，后区的乳头也要求垂直向下，分布各乳区中央为佳。

（3）乳房深度

飞节与乳房基底部的相对位置，以乳房最底部位在飞节上 5 cm 为中等，初产牛以 12.7 cm 为佳，2 胎以 10 cm 为好，3 胎以 8 cm 为佳。过深

（乳房最底部超过飞节下）乳房容易受伤和感染乳房炎。中央悬韧带以裂沟的深度来判断，裂沟深6 cm为高强度，4个手指恰可以伸进去；裂沟深3 cm，为中等强度，松弛没有裂沟的最差，裂沟越深，表明悬韧带强度越高，悬韧带强度高，则结实有力，才能保持乳房应有高度和乳头的正常分布，减少乳房外伤的机会。

三、奶牛选购、选育注意事项

1. 选购奶牛要坚持“宁缺勿滥”

好品种是实现奶牛养殖目标的前提条件。荷斯坦奶牛是目前世界上产奶性能最优秀的奶牛品种，中国荷斯坦是我国目前唯一的一个奶牛品种，其产奶性能非常优良，经营者在从事奶牛饲养时，一定要认清品种，一定要选购中国荷斯坦奶牛或国外的良种荷斯坦。否则，将会严重挫伤您饲养奶牛的热情，使您蒙受巨大的经济损失。

江苏省曾有一个新建奶牛场，从外地买回一批“成乳牛”，日平均产奶量不足20 kg。从外貌形态来看，这群牛属于中国荷斯坦和我国黄牛的杂种二代或三代牛。以黄牛为母本，以中国荷斯坦奶牛为父本，其杂交二代和三代的被毛颜色就会变成类似于荷斯坦奶牛的颜色，但其产奶性能却和中国荷斯坦奶牛有着天壤之别。中国荷斯坦是由荷兰黑白花奶牛和我国的黄牛、滨州牛等，经过多年的杂交选育而育成的一个品种，其正式的杂交选育工作起始于新中国成立后，历时60年。从零做起，重新培育奶牛品种的做法绝对是一种及其荒唐的做法。

2. 购买奶牛时要聘请有专业经验的技术人员帮助把关

奶牛购买成本巨大，选购不当将会导致重大的经济损失。摒弃小农意识、树立市场经济意识，聘请有专业经验的技术人员或专家帮助选购奶牛，帮助把好奶牛品种关，是一种非常有价值的做法。

3. 购买奶牛时要做好病牛辨识和检疫工作

购买奶牛时要特别注意辨识奶牛是否健康，检查粪便、采食等情况。谨防结核病和布氏杆菌病，出售奶牛必须有健康检疫证明，选购者切记不能到有疫区的地方购买奶牛，并请产地检疫部门出具检疫证明，确保健康无疫。

4. 购买奶牛时要重视生殖器官的检查

购买奶牛时要注意辨识“异性孪生”母牛，这种牛外生殖器较小，阴门下角着生长毛，阴蒂大而凸出。阴道很短，子宫畸形，体内有睾丸，从脐部到乳房间可见形似皮肤皱壁状的阴茎痕迹，乳房小、乳头短、乳腺发育不良。购买奶牛时还要注意母牛是否患有卵巢囊肿、持久黄体、子宫炎症等疾病，最好请兽医作必要的临床检查诊断。

5. 购买奶牛时要考虑年龄胎次因素

年龄和胎次对产奶成绩的影响很大，开始建立奶牛群时，往往是购买成年母牛、育成母牛或犊牛，购买哪一类牛，主要取决于希望产奶的时间。买进已达配种年龄的育成母牛或已受孕的青年母牛，是建立牛群最普遍的方法。买进犊牛所需费用少，但达到产奶所需时间较长。

在一般情况下，初配年龄为 16 ～ 18 月龄，体重应达到成年牛的 70%。初配牛和 2 胎牛比 3 胎以上的母牛产奶量低 5% ～ 20%，3 ～ 5 胎的产奶量是逐胎上升，6 ～ 7 胎以后的产奶量则逐胎下降。根据研究，乳脂率和乳蛋白率随着奶牛年龄与胎次的增长略有下降。所以，为使奶牛群高产，生产者必须注重年龄与胎次的选择。购牛时，准确的年龄鉴定，不仅可以确定奶牛的利用潜力和年限，而且可通过奶牛年龄与胎次的对应关系，判断其繁殖性能的好坏。奶牛年龄鉴定可根据奶牛牙齿来判断。

6. 购买奶牛时要注意查看奶牛系谱

同是中国荷斯坦牛，其生产性能、体型、外貌等大不一样。因此，在买牛或选留奶牛时，都要特别注意查看系谱、血统，选择父母代和祖代产奶性能高、体型外貌评分高、繁殖性能优良、利用年限长的奶牛。

奶牛系谱包括的内容有：品种、牛号、出生年月日、出生体重、成年体尺、成年体高、体重、外貌评分、等级、母牛各胎次的产奶成绩等。系谱中还应有父母代和祖父母代的体重、外貌评分、等级，母牛的产奶量、乳脂率、乳蛋白含量等。另外，奶牛的疾病和防疫、繁殖、健康情况也应有详细记载。这些都是挑选高产奶牛的重要理论依据。没有系谱、血统不清或亲代和祖代表现差的，应不予购买。系谱资料当中详细记录了该奶牛所有的情况，包括牛只疾病预防、检疫、繁殖、健康情况等。

按系谱选择后备母牛，应考虑其父亲、母亲及外祖父的育种值。特别是产奶量性状的选择，不能只以母亲的产奶量高低作为唯一选择标准，还应考虑其乳脂率、乳蛋白率等性状，并且应同等考虑父、母的遗传特性。在正常的情况下，母牛的亲代、祖代生产性能高、繁殖力强、利用年限长，其后代的生产性能也较高。

第二节 影响奶牛生产性能的主要因素

奶牛的生产性能主要由产奶量和所产奶的质量两个方面来决定，生产性能高低不仅反映了牛群质量的优劣，也反映了牛场饲养管理水平的高低。

一、影响奶牛生产性能的客观因素

研究表明，在影响奶牛生产性能的主要因素中，育种占40%、营养占20%、疾病占15%、饲养管理占20%、其他占5%。但我们也不能片面、单纯地理解这些因素，因为这些因素是相互联系、相互制约的。

1. 品种

在产乳量、乳脂率等方面，由于不同品种间遗传背景千差万别，在不同的培育条件下，经济用途各异的品种间有显著差异，即使同一用途的品种间，也可能存在较大的差异（见表1-1）。

表 1-1　不同品种牛的产奶量和乳脂率

品　种	305 天产奶量（kg）	乳脂率（%）
中国荷斯坦奶牛	7 000	3.6
娟姗牛	4 000	4.6
西门塔尔	4 000	4.0

2. 个体

同一品种内的不同个体间的生产性能也有较大差异。如中国荷斯坦奶牛，高产的个体产奶量可达 10 000 kg 以上，而低产的约为 4 000 kg，其乳脂率也有差别。个体间的差异是选育工作的基础，选择优良个体是育种工作的重点。

3. 体型大小

一般情况下，体型较大，其消化器官容积也较大，采食量较多，产乳量也较高。据统计分析，在一定限度下荷斯坦奶牛体重每增加 100 kg，其产奶量提高 1 000 kg。对中国荷斯坦而言，体重以 650 ～ 700 kg 较为适宜。体重过大，其维持代谢的需要也会增加，体重超过一定范围，其体重和产奶量不呈正相关关系。

4. 年龄和胎次

年龄与胎次对母牛的产乳量影响较大。一般而言，在母牛初次分娩后，产乳量会随着机体生长发育的进程而逐渐增加，以后，又随着机体的逐渐衰老而逐渐下降。

通常情况下，头胎牛、2 胎牛比 3 胎以上的母牛产乳量低 15% ～ 20%，3 ～ 6 胎产乳量逐渐上升，7 ～ 8 胎后开始逐胎下降（可比五六胎下降 20% ～ 30%），而乳脂率则与产乳量有负相关趋势。各胎牛的生产性能比较如下。

1 胎牛（3 岁）的产奶量为最高产奶量的 70%。

2 胎牛（4 岁）的产奶量为最高产奶量的 80%。

3 胎牛（5 岁）的产奶量为最高产奶量的 90%。

4 胎牛（6 岁）的产奶量为最高产奶量的 95%。

5 胎牛（7 岁）的产奶量为最高产奶量。

年龄（胎次）对奶牛生产性能的影响属于生理因素，上述规律属一般规律，也有个别牛在 11 胎或 12 胎时产奶量仍然很高。

5. 第一次产犊年龄与产犊间隔

第一次产犊年龄不仅影响母牛的当次产乳量，而且影响其终生产乳量。此外，第一次产犊年龄过早还会影响母牛个体发育，而时间过晚，则会减少其产乳量及犊牛出生头数。这在饲养成本核算上将是极不经济的，在乳牛生产中这点更为突出，一般在乳牛体重达成年重的 70% 左右进行初配，24 ～ 26 月龄第一次产犊较为有利，但亦应根据气候、饲养等条件的变化灵活掌握。母牛初产后，应保证其 1 年有 10 个泌乳月，1 年 1 犊。故母牛产犊后，第 60 ～ 90 天内最好配种受孕。

6. 泌乳阶段

乳牛从产犊后开始到干乳期这一段时间称为泌乳期。母牛产犊后，其初乳含有大量蛋白质，通常比常乳高 3 ～ 4 倍，球蛋白高 20 ～ 50 倍，在泌乳的第 5 ～ 6 天，其成分开始接近常乳。泌乳期内 2 ～ 6 个月，乳脂率和乳蛋白率开始下降，随后又升高，到干乳期前继续增高。

奶牛在泌乳期内产乳量一般呈规律性变化（图 1–3）。通常情况下，母牛分娩后产乳量逐渐上升，低产牛在产后 20 ～ 30 天，高产牛在产后

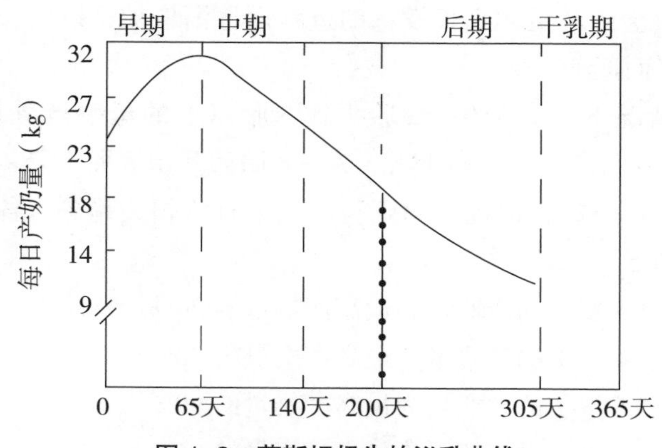

图 1–3　荷斯坦奶牛的泌乳曲线

40～50天产乳量出现高峰。一般牛在产乳高峰期可维持1个月左右，而高产牛则在2个月左右。高产乳牛的产乳量月递减率在7%以下，而低产牛却达到9%～12%。高产牛在泌乳末期一般不会自动停乳，为保证其乳腺组织的恢复、胎儿正常生长及提高下期产乳量，应在其分娩前60天进行干乳。

7. 季节

一般情况下，由于环境温度升高，乳牛呼吸次数增加，采食量自动减少，所以，会导致其产乳量下降，高产牛和泌乳高峰期牛的产乳量下降幅度更大。荷斯坦牛在气温达到26℃时，产乳量即开始下降；娟姗牛耐热性较好，气温在29.4℃时，产乳量才开始下降。为保证牛体健康，提高产乳量，夏季应采取防暑降温措施，同时应尽量使乳牛的产犊时间避开夏季。产犊季节也对奶牛的生产性能有重要影响，在不考虑市场因素时，奶牛最理想的产犊季节是冬季和早春，其次是春季和秋季，产奶最差的季节是夏季。

8. 乳牛健康状况

乳牛患病或健康状况较差，会明显影响其产乳量，严重时甚至会停止泌乳。通常情况下患消化道疾病的牛产乳量、乳脂率都会下降，且牛乳的香味不佳。

二、影响奶牛生产性能的主要管理因素

1. 饲养管理

饲养管理是影响乳牛产乳量的主要因素。饲养管理条件良好，可使乳牛全年产乳量提高20%～60%，甚至更多。在饲养管理诸条件中，日粮的营养价值、饲料的品质、种类及储藏加工技术，尤其是日粮中的碳氮比影响更为明显。此外，日粮中的精、粗比例也会影响其乳脂率。营养水平不足，会大幅度降低乳牛日产乳量，并缩短泌乳期。在不良的管理条件下（如寒冷、潮湿），因破坏了乳牛机体的正常代谢过程而导致产乳量大幅度下降；反之，管理条件好，则可降低饲料消耗，提高产乳量。

2. 干奶期长短

奶牛的干奶期一般为 2 个月，过短不利于机体和乳腺的恢复，过长又会缩短奶牛的泌乳时间，干奶期的长短关系到下一个泌乳期的产奶量，也对保证胎儿的正常发育至关重要，干奶期一般不能小于 45 天。

3. 挤乳技术

乳牛产乳量高低与挤乳技术密切相关。通常情况下，每天 4 次挤乳量应高于 3 次，3 次挤乳量高于 2 次，且挤乳次数多，平均乳脂率也高（高 0.12%）。从手工挤乳顺序上看，交叉挤乳法比直线挤乳、一侧挤乳和单乳头挤乳法的挤乳效果好。适当地清洗和按摩乳房，因能引起乳房血管反射性扩张，进入乳房的血流量增大，促进乳脂合成，可提高其产乳量。

4. 牛群结构

科学合理的牛群结构是实现奶牛养殖良性运转、实现高效益的一个重要因素。后备牛数量过大、泌乳牛数量太少，会导致投入增加，收入减少。一个较为合理的牛群结构应该是：成母牛占 55% ～ 60%；后备牛占 40% ～ 45%。对后备牛群而言，其中犊牛在后备牛群中的所占比例为 35% ～ 40%；育成牛所占比例为 30% ～ 35%；青年牛所占比例为 25% ～ 35%。

对成母牛群而言，牛群的胎次应保持在 3 ～ 5 胎，1 ～ 3 胎应占 49% 左右；4 ～ 6 胎占 33% 左右；7 胎以上占 18% 左右。

第二章 奶牛分娩与接产管理技术

第一节 奶牛分娩管理技术

一、奶牛分娩过程中难产检查与判定的重要性

在奶牛分娩过程中，把握难产检查时机、适时科学助产、减少生殖器官感染（损伤）、防止犊牛窒息，是奶牛分娩管理的一个重要工作内容。在奶牛分娩过程中，如果过早进行不必要的产道检查，不仅会影响正常的分娩过程，还可导致难产率升高，也会增加母牛产道感染的机会；产道检查不及时，又会危及犊牛的生命安全及母牛本身的安全和生产性能。

通过观察奶牛分娩过程中的行为表现或肢体语言，明确难产预兆，准确把握难产检查或助产时机，对提高奶牛生产效益、保护奶牛繁殖性能有十分重要的现实意义。研究表明，奶牛在分娩过程中会通过分娩表现及肢体语言等告诉我们分娩已进行到什么阶段、是否正常分娩、是否需要助产。所以，明确奶牛分娩阶段、仔细观察分娩过程是确定产道检查或难产检查时机的最好方法。

二、奶牛分娩过程及分娩行为表现

奶牛分娩过程是指从子宫开始出现阵缩到胎衣完全排出的全过程。为了描述方便，人为地将其分成3个连续的时期，即子宫开口期、胎儿产出期和胎衣排出期。

1. 开口期

也叫子宫颈开张期，指从子宫开始阵缩到子宫颈充分开大为止这一时期。阵缩是表示分娩开始的标志，奶牛结束妊娠、启动分娩、开始阵缩时，会表现食欲减少或不食、轻度不安。对照预产期，这时我们就可确定为奶牛分娩开始，大多数情况下我们会将此牛的尾巴系于颈部，并用消毒液对其后躯进行清洗、消毒，然后将母牛转入产间或产房的运动场让其自然分娩，并进行分娩观察。

这时我们会观察发现，由于子宫阵缩（子宫节律性收缩）可引起母牛一阵阵腹痛和不安，从而表现不食、哞叫、躁动不安、尾根抬起等行为表现。在经历较短时间的不安后，大多数分娩母牛会寻找一安静的地方，独自低头呆立，若有所思，这是对阵缩所造成的腹疼耐受性进一步升高的结果。在这一阶段，通过子宫的收缩（阵缩），要达到使子宫颈口完全开张的目的。另外，开口期子宫的阵缩对胎儿的胎位、胎势还有一定的微调作用。在开口期没有努责（腹肌和膈肌收），所以我们观察不到奶牛腹壁因努责而出现的大幅度起伏。对奶牛而言，完成这一阶段大约需要 2 ～ 8 小时。当然个体间也有一定差异，一般初产的牛表现明显、时间较长，经产牛的外部表现相对要弱一些、持续时间要短一些。

在这一阶段进行产道检查是完全没有必要的，如果进行产道检查其结果只会干扰母牛正常分娩，增加生殖道感染几率，人为提高难产率。

2. 产出期

也叫胎儿产出期，是从子宫颈充分开大、胎囊及胎儿的前置部分进入阴道，到胎儿排出为止的这一时期。努责出现是产出期开始的标志性征兆，也是胎囊或胎儿进入阴道的标志。当胎囊及胎儿的前置部分进入阴道后，阴道壁上的神经感受器会将这一信息及时的反馈给中枢神经系统，从而腹肌和膈肌开始收缩（努责），阵缩加强，以达加速分娩的目的。

阵缩的加强和努责的出现，进一步加重了腹痛。这时母牛会呈显极度不安，来回走动、时起时卧，前蹄刨地、个别牛后蹄踢腹，回顾腹部，拱背努责。随后大多母牛会选择半侧卧姿势卧地努责、进行分娩，因为卧地分娩可加大母牛努责的力量，也有利于骨盆的松弛扩张。

随着努责及分娩过程的继续进行，当胎儿头部通过骨盆腔出口时，大多数分娩牛会侧卧于地，四肢伸直，强烈努责，此时母牛会表现出极度不安，甚至会出现四肢或肌肉颤抖、眼球震颤等表现，这是母牛分娩过程中表现最为痛苦的时刻，预示着此时胎头的最宽处正在经过骨盆腔的狭窄部（图 2–1）。经过强烈的侧卧努责，当胎头或前肢或后肢露出阴门后，大多数母牛会站立起来，休息片刻，然后继续卧下（半侧卧）努责（图 2–2），直到最后完成分娩。强烈侧卧努责后的起立、片刻休息，及随后的相对安静的半侧卧努责分娩，此分娩行为表现实际上告诉我们，母牛分娩最困难的时期已经过去。

对奶牛而言，从子宫颈口完全开张到产出胎儿，一般需要 3 ～ 4 小时。在产出期中，人为地干扰会造成产力衰竭，当然也会增加生殖道感染几率、造成人为难产。

从开始启动分娩到产出胎儿，一般需要 5 ～ 12 小时，初产牛所用的时间要长一些，表现也要强烈一些。

图 2–1　分娩最困难时刻奶牛所呈现的状态

图 2-2　奶牛即将结束产出期的分娩状态

3. 胎衣排出期

从胎儿排出到胎衣排出这段时间就是胎衣排出期（图 2-3）。胎儿排出后牛则安静下来，努责消失，子宫也会做几分钟的短暂休息。然后子宫又会开始阵缩（有些分娩牛在这一时期还伴有轻度的努责），以便将胎衣在一定时间内排出体外。此过程与难产检查等内容无直接关系，所以在此不做赘述。

图 2-3　奶牛胎衣排出期

三、奶牛分娩过程中不宜进行产道检查的几种情况

分娩是牛的一个正常生理过程，需要充足的时间作保证，这个生理过程包括开口期（2 ～ 8 小时）、产出期（3 ～ 4 小时）。在奶牛的分娩过程

中过早地进行产道检查，增加了生殖系统的感染机会、增加了兽医的无为劳动、还会人为地使难产率升高；但如果延误了检查时机，又会对母子的生命安全带来危险。所以，分娩过程中产道检查必须掌握适宜的时机，分娩行为表现是我们确定难产处理时机的主要依据。分娩过程中的产道检查并非越早越好，时机恰当十分重要。下面的 3 种情况应避免进行产道检查：①分娩开始后 5 小时内胎儿尚未产出，不必进行产道检查；②分娩过程行为表现和正常行为表现相一致，不必进行产道检查；③头水（尿水）破后 1 小时内，胎儿仍未产出，不宜做产道检查（图 2–4）。

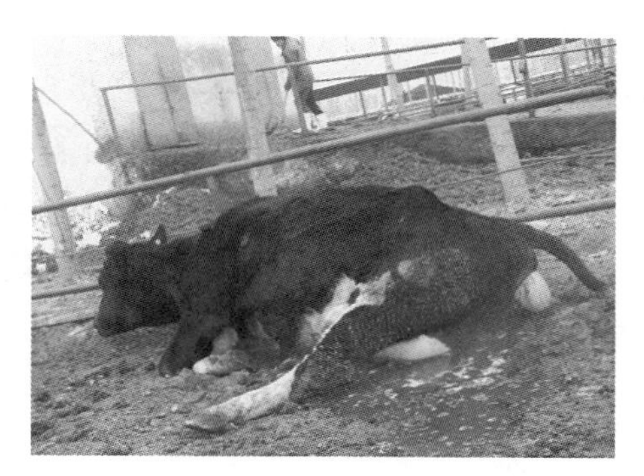

图 2–4　牛分娩过程中“头水”未破状态

四、分娩过程中预示难产的征兆

当分娩牛出现难产征兆时就必须进行产道检查，并根据情况采取相应的助产措施，这样才能达到确保母体健康、保证母体繁殖性能不受影响、挽救胎儿生命的目的。

分娩过程中预示难产的征兆有以下状况。

分娩时间过长，胎儿仍未露出阴门，如分娩超过 10 小时；分娩过程行为表现异常；努责微弱或停止；“头水”流出 1 小时后仍未产出胎儿；阴门外只露出一条腿；阴门外露出的两条腿明显一长一短；阴门外露出的两条腿掌心朝向相反；较长时间在阴道外只能看见两前肢而不见胎儿的嘴或头；只看见胎儿的嘴或头而看不见前蹄；胎水异常，如胎水腐败等；阴门外露出三条腿；胎位异常。

出现上述任何一种情况时，必须立刻进行产道检查，以便确定具体情况、进行相应地治疗处理，否则会贻误产道检查和助产的时机。

对现代兽医而言，保证母子双全和母体繁殖机能健康，是奶牛分娩检查和助产过程中同等重要的两个目标。忽视母体繁殖机能所造成的损失，大于胎儿死亡所造成的损失；忽视母体繁殖性能、单纯注重母子安全的指导思想是一种浅薄而缺乏长远的思维方式。

在长期的生物进化过程中，自然繁育能力是动物生存和延续种群的基本保障，奶牛也是如此，难产是奶牛生产中的个别事件。在正常的饲养管理条件下，绝大多数奶牛具有正常分娩能力，不必要有产道检、助产、过早干预奶牛分娩过程的做法，是不可取的。观察、了解奶牛分娩过程中的行为表现或肢体语言，明确难产预兆，准确把握难产检查或助产时机，对提高奶牛生产效益、保护奶牛繁殖性能有十分重要的现实意义。

第二节 奶牛接产管理技术

仔细观察母牛的分娩过程，根据分娩过程中母体和胎儿的状况，协助分娩、及时确定是否助产、如何助产，从而保证分娩过程中母子安全的一系列措施就是接产。接产工作要根据分娩的生理特点进行，不可过早干预或盲目助产。

一、接产准备

在接产前应做好以下准备工作。

根据配种日期做好预产期推算工作，分娩前 7 ～ 15 天将母畜转入产房，并仔细观察护理，做好观察待产工作。

冬天产房应具有一定的温度，夏季产房要通风良好，有专职人员昼夜值班。产房还应该具备一定的助产用具和药品。基本的药械包括消毒液、70% 酒精、2% ～ 5% 碘酊、丝线、助产绳、助产棒、纱布、剪刀；毛巾、肥皂、水桶或脸盆等。

接产人员应该进行专业培训，熟悉正常分娩过程，严格按接产的操作程序进行接产处理。

二、接产处理

接产应该在严格消毒的情况下进行，在接产过程中防止产道感染是控制生殖系统疾病发生的一个重要环节，接产者应该对其手臂和所用器械进行认真消毒。

牛开始分娩后，用绷带或细绳系住尾巴、将其拉向一侧、另一端系于颈部。用消毒液清洗外阴周围及乳房，然后将待产牛置于产间仔细观察，以待接产或助产。

当胎儿的嘴巴露出阴门外时，如果胎膜尚未破裂，应将胎膜人为撕破、并将胎儿鼻孔中的黏液擦干净，以防胎儿在分娩过程中吸入羊水或发生窒息。

三、新生犊牛处理

1. 擦干羊水

当胎儿产出后要及时擦干鼻孔及嘴巴周围的羊水，并观察呼吸是否正常，如果呼吸异常或无呼吸则必须进行相应的救治处理。对吸入少量羊水的胎儿应该将其倒置或采用相应的治疗措施以促进其排出。

天气寒冷时还要将胎儿身上的黏液及时擦干，并注意保温。也可让母牛舔干胎儿身上的黏液，由于羊水中含有雌性激素、前列腺素等物质，还可促进母体子宫收缩、促进胎衣排出。

2. 处理脐带

处理脐带的目的主要是为了防止脐带感染、促进脐带干燥。大多数动物出生后脐带会被自行扯断，只有马等少数动物的脐带不易自行扯断。断脐时脐带不可留得过长或过短，过长易导致脐带感染、过短易导致“漏脐”，一般以 3 ～ 6 cm 为宜。断脐后将脐带断端在碘酊内浸泡片刻或外涂碘酊，如有出血则应该进行结扎。

3. 辅助哺乳

仔畜初生后，应擦洗乳头、协助其尽早吃上初乳，对于活力较差无法自行吮食乳汁的仔畜，应该及时进行人工哺乳，尽量保证在出生 1 小时内让仔畜吃上初乳。

对于不足月的犊牛或特别虚弱的牛犊，应该注意保温（有条件者可人工吸氧），进行人工哺养。

4. 称重登记

犊牛出生后要做好出生犊牛的登记、称重、编号、分群等工作。

5. 隔离

犊牛出生后，应将犊牛与母牛隔离饲养，使其不再与母牛同圈。可一犊一舍单独饲养，也可进行小群饲养。冬季刚出生的犊牛，犊牛室的最低温度不应低于 10 ～ 15℃，地面始终保持干燥并有柔软的垫草。夏季要做好防暑降温工作。

6. 观察母牛胎衣排出情况

胎儿出生后，还要仔细观察母体胎衣排出情况，对于胎衣未及时排出或未完全排出者，要进行相应的治疗处理。对排出的胎衣要及时处理，牛吃食胎衣后可引起消化不良。

第三章 奶牛的饲养管理技术

第一节 犊牛饲养管理技术

犊牛是指 0 ～ 6 月龄的牛。奶牛生产实践表明，奶牛 60% ～ 70% 的死亡发生于犊牛阶段，犊牛饲养管理是奶牛生产管理的关键之一。这一阶段对饲养管理要求较高、技术难度较大，如果这一时期管理不当或技术失误，会给奶牛经营者造成巨大的经济损失。

初生时犊牛自身的免疫机制发育还不够完善，对疾病的抵抗能力较差，主要依靠母牛初乳中的免疫球蛋白来抵御疾病的侵袭。另外，犊牛瘤胃和网胃发育较差，结构还不完善，微生物区系还未建立，消化吸收主要靠皱胃和小肠。所以，对饲养管理的要求较高。犊牛期一般可分为哺乳期和断奶期。

一、哺乳期犊牛饲养管理技术

哺乳期犊牛一般指的是 60 日龄以内的犊牛，即未断奶的犊牛。

犊牛出生后应该喂给初乳 3 ～ 5 天（图 3-1），之后可以采用母乳或混合乳进行哺乳，哺乳期犊牛饲养管理应该重点做好以下几个方面的工作。

图 3-1 犊牛人工哺乳

1. 犊牛的饲养方式

犊牛出生后 2 个月内是非常关键的时期，这个阶段也是犊牛死亡率最高的一个时期，好的犊牛哺育设施可以减少损失，提高犊牛成活率。犊牛哺育设施要求清洁干燥、通风良好、光照充足、容易采食和饮水等。

犊牛在断奶前最好能够单独哺育，使之能够相望而不能相互接触，防止犊牛相互舔食，避免疾病传播。犊牛栏内垫料要吸湿性良好，厚度 10 ～ 15 cm，有很好的隔热保温能力。稻草和锯末等都是较好的垫料，沙子是青年牛和成年泌乳牛很好的垫料，但对于犊牛来说并不合适，因为其保温性能较差。室外犊牛栏空气质量良好，有利于犊牛的健康，但对于犊牛舍内哺育，一般需要采取人工通风，这对降低舍内湿度、减少犊牛呼吸道疾病、促进犊牛健康和提高成活率非常重要。

犊牛哺育设施一般可分为暖式犊牛栏、冷式犊牛栏和群栏。

（1）暖式犊牛哺育栏

暖式犊牛哺育栏主要是在相对封闭的牛舍内建造单栏，冬季辅以加热保温和适当通风，比较适合我国东北和西北部分寒冷地域（图 3–2）。此类犊牛栏一般设置在靠近产房附近的犊牛牛舍内，小型牛场可以直接设置在产房里。每犊一栏，隔离式人工哺乳培育，一般断奶后过渡到群栏。单栏长 200 ～ 220 cm，宽 110 ～ 125 cm，栏高 110 ～ 120 cm。暖式牛舍的温度适合于病源微生物生长，所以需要有良好的通风、除湿、消毒设施。犊牛栏的数量根据饲养规模决定，应该有 50% 的空闲栏，以保证彻底消毒和较长时间的空置期。暖式犊牛栏虽然饲养方便，劳动效率高，但建造成本高。

图 3–2 暖式犊牛哺育栏

（2）冷式犊牛哺育栏

冷式犊牛哺育栏（图 3–3）主要包括冷式室外犊牛栏或冷式舍内犊牛单栏，适合我国大部分地区。

冷式室外犊牛栏：

冷式室外犊牛栏又称为犊牛岛。犊牛岛已被证明是饲养犊牛的一种很好的方式。在气候温和的地区和季节，犊牛出生后即可转入犊牛岛饲养，直到断奶后转入群栏或犊牛舍。室外犊牛岛可以为犊牛提供良好的环境，建造成本低，能较好地控制疾病。

图 3-3　犊牛冷式哺育栏

犊牛岛的缺点是冬季冷冻使粪污难以处理，水槽需要做防冻处理，有些情况下还会发生犊牛耳朵冻伤等现象。生产实践中有许多种犊牛岛，材质和设计也有所不同，但其设计原理还是有许多共同点。室外犊牛岛尺寸为宽 100 ～ 120 cm，长 220 ～ 240 cm，高 120 ～ 140 cm。犊牛岛的一端开敞，可以用铁丝等在外面围一个活动区域供犊牛运动。

犊牛岛除前面外，其余各面要封闭严实，以适应北方寒冷地区的气候条件。我国南方地区可以在小舍背面安置可以严实关闭的小窗用于夏季通风。

国内现有犊牛岛多为自制，利用水泥预制板砌成者居多。国外常见的用塑料或玻璃钢岛造价低廉，但不容易搬动和清洁。木制的犊牛岛同样存在难以清洁的特点，而且使用寿命也较短。设计科学、价格合理、坚固耐用的塑料或玻璃纤维制成的犊牛岛是最好的选择。

犊牛岛的放置位置比较灵活，可以根据季节调节，主要原则是冬季获取最大的光照和减少西北风的侵扰，夏季则能够很好地遮阳和通风。犊牛岛放置位置要排水良好，但不要高出地面太多，以免形成风从牛栏下面往上灌的现象，这对犊牛健康不利。在下一批犊牛转入之前，要对其认真清扫、消毒，认真做好更换犊牛岛的位置，便于清洁和切断病原菌的生活周期。

冷式舍内犊牛单栏：

冷式牛舍内犊牛单栏典型尺寸为宽 1.2 m，长 2.1 m，牛舍整体设计较暖式牛舍简单，一般不加供暖设施。由于饲养密度比犊牛岛培育时高，加强通风很重要。

当犊牛单独饲喂到断奶后，再饲喂 1 ～ 2 周，然后就可以转入断奶后犊牛舍培育。

犊牛断奶后到瘤胃发育健全、反刍功能完全建立前，是犊牛培育的第二个关键阶段。这个阶段犊牛从单栏饲喂转入小群体生活，犊牛有一定应激，犊牛舍的设计不合理和管理措施不好会严重影响犊牛的生长发育。

断奶后犊牛一般 4 ～ 6 头为一栏，每头犊牛需要 2.3 ～ 2.8 m^2 面积。国内多采用 20 ～ 30 头犊牛同一栏内培育，效果也很好。

（3）群栏哺育

对于条件较差的奶牛饲养者来说，也可选用群栏（图 3–4）来饲养哺乳犊牛，群栏饲养更要加强饲养管理，北方冬季寒冷，创造干燥清洁的环境，适当通风对犊牛冬季的培育尤为重要。

图 3–4　犊牛群栏饲养

2. 去角与副乳头剪除

（1）去角

烙铁烧烫牛角法是现在最常用的一种去角方法。将犊牛充分保定好，触摸寻找角突，将角突部的被毛剪掉，用手术刀削掉角突顶部组织，然后用电烙铁烙烫角突部约 15 秒钟，烙烫完毕后在烙烫的部位涂上碘酊或紫药水即可。去角的最适宜时间为 7 ～ 10 日龄。

（2）剪除副乳

副乳就是奶牛乳房上的多余乳头。奶牛有副乳头时严重影响外观评分，也会影响到成乳牛的乳腺功能。当牛有副乳头时，应该在犊牛阶段将其剪除。

剪除副乳一般在 4 ～ 6 周龄进行。将副乳周围的乳房清洗干净，并用碘酊涂抹消毒，然后将副乳的乳头轻轻向下拉，在紧贴乳房处用剪刀将副乳剪掉，再在其上涂抹碘酊，夏季应该涂抹防蝇药。剪除副乳时一定要防止剪错乳头，如果乳头过小、不容易辩认，可等到年龄较大时再进行剪除。

3. 预防犊牛腹泻发生

犊牛腹泻属犊牛的多发病，对犊牛的健康成长造成了严重危害。犊牛腹泻多由饲养管理不当引起，预防犊牛腹泻可从如下方面着手。

一是充分做好冬季保暖工作。

二是不喂凉奶、变质奶或乳房炎奶。饲喂犊牛的奶应加热到 39℃左右，凉奶、变质奶及乳房炎奶是导致犊牛腹泻的一个重要原因。

三是注意奶具卫生。给犊牛喂奶的用具每次用完后要及时清洗、定期消毒，一般应用 0.1% 的新洁尔灭每周消毒一次，夏天更应注意奶具清洗消毒，最好每天消毒一次。

四是注意饲槽卫生。每次饲喂后应认真清理饲槽，保证犊牛不吃腐败变质饲料，至少每周对饲槽消毒一次。消毒完毕后要用清水认真冲洗，以防残留消毒液对犊牛造成危害。

五是犊牛饲喂要定时定量。哺乳期一般日饲喂 3 ～ 4 次，哺乳期一般为 50 ～ 60 天。饲喂要定时定量，不能忽饱忽饥，用奶桶或奶盆喂奶时不能太急、太快，以防呛着犊牛。另外，如果由于过快、过急导致食道沟反射不完全，会使大量奶流入前胃，引起异常发酵，而影响胃肠消化吸收功能。犊牛的日喂奶量可参考下面的喂量：1 ～ 10 日龄：5 kg；11 ～ 20 日龄：7 kg；21 ～ 40 日龄：8 kg；41 ～ 50 日龄：7 kg；51 ～ 60 日龄：5 kg。

六是及时开食、补饲。给哺乳期犊牛尽早喂一定量的干草和精料，既可促进瘤胃发育，又可预防犊牛舔食污物或异物，也有预防犊牛腹泻的作用。一般犊牛在 7 日龄时可给以优质干草，让其自由采食；10 日龄开始喂给精料。

七是有条件者尽量单栏饲养，小群饲养者要防止犊牛互相吮舔。要密切关注犊牛的保健护理，要经常检查犊牛健康状况，注意观察牛的精神状态、食欲、粪便、体温和行为有无异常，发现感冒及下痢等疾病，应及时治疗，严重时应隔离治疗。犊牛发生轻微下痢，应减少喂奶量，同时增加饮水量，用温开水与少量奶混合饮用，水温须达 39℃。下痢严重时，应暂停喂乳 1 ～ 2 次，可喂饮温开水加少许抗生素进行防治。粪便越稀的牛，喂水量要越多，尽量使其饮足，以防机体失水过多，直到恢复正常为止。要特别注意疾病预防工作，例如，乳液变质、污染杂质、乳汁太浓、乳温过低、喂量过多、不按时喂养、补料不当、饮水不洁等，均能引起犊牛消化不良，从而导致腹泻等问题发生。

4. 预防犊牛肺炎

犊牛肺炎是犊牛阶段的常见病，犊牛患肺炎后轻者会影响到后期的生产性能，重者导致死亡。犊牛肺炎多由非特异性病原引起，此病在寒冷的冬季多发，预防本病主要从环境卫生方面着手：

一是禁止除犊牛饲养人员以外的任何人员进入犊牛圈舍，尤其是哺乳期的犊牛，以防带入病原。犊牛圈舍应选择相对安静、偏僻、未曾污染的地方。

二是搞好圈舍及运动场的卫生。保证圈舍干燥、清洁，至少每周对圈舍彻底消毒一次。

三是冬天做好防寒工作。封闭窗户，铺垫草，运动场的上风处应设挡风墙。

二、断奶犊牛饲养管理技术

断奶后的犊牛相对而言管理要求变得相对简单，但也不可忽视，寒冷的气候条件对断奶后犊牛的不良影响也是十分严重的。

1. 断奶后犊牛的日粮需要

断奶后犊牛的精料和粗饲料需要会逐渐增加，饲草饲料的饲喂数量可参考如下喂料数量（头日喂量）：精料 2 ～ 2.5 kg；青贮料 3 ～ 4 kg；干草 1 ～ 2 kg。

如果用干草来代替青贮，可按 1∶3 的比例进行替换。

2. 运动与刷拭

充足的运动能锻炼犊牛的体质，增进健康。犊牛幼龄时期活泼好动，在夏季和天暖季节，出生后 2 ～ 3 天即可放至舍外运动场，做短时间的散步，最初每天不超过 1 小时，随着日龄的增加逐步延长运动时间，1 月龄后可以任其自由活动。要防止酷热天气导致犊牛中暑；冬季除大风大雪或气候严寒外，在出生后 10 天就可将犊牛赶到运动场，每天进行 0.5 ～ 1 小时的驱赶运动，1 月龄后每天运动时间可增至 2 ～ 3 小时，上午、下午分两次进行。

刷拭有按摩皮肤的作用，能促进皮肤的呼吸和血液循环，增强代谢产热，提高抵御冬季严寒的能力，提高饲料报酬率，有利于犊牛的生长发育。同时借助刷拭，还可保持牛体清洁，防止体外寄生虫的孳生和调教犊牛。每天要对犊牛刷拭 1 ～ 2 次。刷拭时，以使用软毛刷为主，手法要轻，使牛有舒适感。如有粪结成块，粘住皮毛，则需用水浸润，待软化之后再进行刮除。

第二节 育成牛饲养管理技术

育成牛是指 7 月龄至配种怀孕的头胎牛（图 3–5）。在生产上常把这一阶段的牛分为两大群进行饲养管理，7 ～ 12 月龄为一大组（即小育成牛），13 月龄至配种怀孕为一大组（即大育成牛）。

图 3–5　育成牛

育成牛既不产乳也未怀孕，也不像犊牛那样容易患病，所以，管理上比较简单，但也不能因此而放松管理。育成牛培育的任务是保证母牛正常的生长发育和适时配种。育成期是母牛体尺和体重快速增加的时期，饲养管理不当会导致母牛体躯狭浅、四肢细高，达不到培育的预期要求，从而影响以后的泌乳和利用年限。育成期良好的饲养管理可以部分补偿犊牛期受到的生长抑制。因此，从体型、泌乳和适应性的培育上讲，应高度重视育成期母牛的饲养管理。

一、育成牛饲养技术

在生产中人们往往容易忽视或放松这一阶段的饲养管理，导致日增重下降，不能按时完成体尺、体重等指标，使体成熟及配种年龄后移，这样大大增加了育成牛成本，而造成巨大的经济损失。其饲料参考喂量为（头日喂量）：精料 2 ～ 2.5 kg；干草 2 ～ 2.5 kg；青贮料 10 ～ 15 kg。

在这一阶段要注意钙、磷等矿物质的补给。另外，这一阶段牛的消化器官已发育成熟或接近成熟，又无妊娠和产乳负担，如果能吃到足够的优质粗饲料就可以满足其营养需要，所以这一阶段以粗饲料为主，适当补充精料即可。

二、育成牛管理技术

1. 分群管理

由于这个阶段每个个体采食营养的不平衡，生长发育往往会受到一定限制，所以个体之间会出现差异，在饲养过程中应及时采取措施，加以调整，以便使其同期发育，同期配种，分群饲养管理就是一个行之有效的措施。一般把年龄相近的牛分群进行饲养管理，在生产上常把这一阶段的牛分为小育成牛和大育成牛群进行饲养管理。

2. 体尺、体重测量

育成牛每月应进行称重和体尺测量，及时进行统计分析，发现问题及时解决。也可把职工工资和牛的体尺、增重等指标挂钩。

3. 保证足够运动

育成牛每头牛应该有 15 m^2 的运动场，每天必须保证有足够的运动量。除恶劣天气外，可终日在运动场自由活动。

4. 刷拭及调教

通过刷拭调教可协调人牛关系，使牛性格温顺，便于以后的一系列管理工作。

5. 做好发情鉴定及初配工作

牛的初配工作将在这一时期完成，所以要做好相应的发情鉴定、记录和配种工作，对长期不发情的牛要进行检查和治疗。

第三节 青年牛饲养管理技术

青年牛是初配怀孕到分娩前的牛或初配怀孕到分娩前的头胎牛（图3–6）。

图 3-6　青年牛

一、青年牛饲养技术

妊娠前期胎儿生长速度缓慢，对营养的需要量不大，但此阶段是胚胎发育的关键时期，对饲料的质量要求很高。妊娠前两个月，胎儿在子宫内处于游离状态，依靠胎膜渗透子宫乳吸收养分。这时，如果营养不良或某些养分缺乏，会造成子宫乳分泌不足，影响胎儿着床和发育，导致胚胎死亡或先天性发育畸形。因此，要保证饲料质量高，营养成分均衡，尤其是要保证能量、蛋白质、矿物元素和维生素 A、维生素 D、维生素 E 的供给。在碘缺乏地区，要特别注意碘的补充，可以喂适量加碘食盐或碘化钾片。

怀孕最后 4 个月的营养需要较前有较大差异，这一时期的主要饲料喂量（头日喂量）如下：精料 3 ～ 3.5 kg；干草 2.5 ～ 3 kg；青贮料 15 ～ 20 kg。

在这一阶段尤其是后期，饲养不可过量，否则会导致过肥，易引发难产及其他疾病，膘情以中等为宜，并要注意维生素、钙、磷等物质的供给量。

二、青年牛管理技术

1. 及时做好妊娠诊断

在妊娠早期要及时进行妊娠检查。母牛配种后，对不发情的牛应在配种后 20 ～ 30 天和 90 天进行早期妊娠检查，以确定其是否妊娠。对于配种后又出现发情的母牛，应仔细进行检查，以确定是否是假发情，防止误配导致流产。

2. 分群管理

最好根据配种受孕情况，将怀孕天数相近的牛编入一群，分群饲养管理。妊娠 7 个月后转入干乳牛舍饲养，临产前两周转入产房饲养。

3. 做好保胎工作，预防流产发生

确定妊娠后，要特别注意母牛的安全，重点做好保胎工作，预防流产或早产。初产母牛往往不如经产母牛温顺，在管理上必须特别耐心，应通过每天刷拭、按摩等与之接触，使其养成温顺的性格。妊娠牛保胎要做到上下槽不急轰急赶、不乱打牛，路滑难走不驱赶，快到牛舍不快赶；不喂发霉变质饲料；冬天不饮结冰水、不喂冰冻料。

另外，要及时修理圈舍，消除易导致流产的隐患，管理上要细致耐心。

4. 调教和乳房按摩

通过刷拭、牵拉、排队等措施来进行调教，为后面的乳牛生产工作服务。按摩乳房从妊娠后 5 ～ 6 个月开始，每天 1 ～ 2 次，每次 3 ～ 5 分钟，产前半月停止，但不能试挤，也不能擦拭乳头，以免挤掉乳头塞或擦去乳头周围的蜡状保护物，而引起乳房炎或乳头裂口。

5. 防止互相吮吸乳头，引起瞎乳

乳房是乳牛实现经济效益的重要器官，如果 1 头牛在投入生产时就缺少一个乳头或一个乳区泌乳障碍，其生产损失将是显而易见的。头胎牛由于管理及一些综合因素的影响，往往有个别牛会出现互相吮吸乳头的恶癖，由此而引起瞎乳头给生产带来严重损失。所以，在青年牛饲养管理中要仔细观察，发现吮吸乳头的牛要及时隔离或采取相应措施。

6. 保证足够运动量

对全舍饲的牛来说尤其要注意这一点，每日至少要保证有 1 ～ 2 小时的运动量。

7. 做好预产观察和准备工作

预产期前 1 ～ 2 周将母牛转移至产房内，产房要预先做好消毒。预产期前 2 ～ 3 天再次对产房进行清理消毒。初产母牛难产率较高，要提前准备好助产器械，洗净消毒，做好助产和接产准备。

犊牛、育成牛、青年牛统称后备牛。在核心牛群的规模和数量确定后，奶牛群必须保持科学的结构比例，这样才能最大限度地实现奶牛场的经济效益，见母就留或后备牛数量过多或过少都会给奶牛生产者造成经济损失。后备牛在整个牛群中所占的比例应该保持在 35% 左右，成乳牛比例应该在 65% 左右。后备牛各月龄阶段的正常体重指标参见表 3–1。

表 3–1　后备牛各月龄体重指标

阶段划分	月　龄	应该达到的体重（kg）
哺乳期犊牛	0	35 ～ 40
	1	50 ～ 55
	2	70 ～ 72
断奶期犊牛	3	85 ～ 90
	4	105 ～ 110
	5	125 ～ 140
	6	155 ～ 170
育成牛	7 ～ 12	280 ～ 300
	13 ～ 18	370 ～ 420
青年牛	19 月至初产	500 ～ 520

第四节 泌乳牛饲养管理技术

一、围产后期饲养管理技术

围产后期是指产后 0 ～ 15 天这段时期。其生理特点是：体质弱，消化功能和食欲差，机体抗应激和抗病能力低，生殖器官处于恢复阶段，产奶量不断上升。

1. 围产后期的饲养技术

分娩后，日粮应立即改喂泌乳牛料（钙占日粮干物质的 0.7%～1%）。从第 2 天开始逐步增加精料，每天增加 1 ～ 1.5 kg，至产后第 7 ～ 8 天达到产奶牛的给料标准，但喂量以不超过体重的 1.5% 为宜。产后 8 ～ 15 天根据奶牛的健康继续增加精料喂量，直至泌乳高峰到来。到产后 15 天，日粮干物质中精料比例应达到 50%～ 55%，精料中饼类饲料应占到 25%～ 30%。每头牛每天还可补加 1 ～ 1.5 kg 全脂膨化大豆，补充过瘤胃蛋白或能量的不足。快速增加精饲料，目的主要是为了迎接泌乳高峰的到来，并尽量减轻体况的负平衡。在整个精料增加过程中，要注意观察奶牛的变化。如果出现消化不良和乳房水肿迟迟不消的现象，要降低精饲料喂量，待恢复正常后再增加。精料的增加幅度应根据不同的个体区别对待。对产后健康状况良好，泌乳潜力大，乳房水肿轻的奶牛可加大增加幅度；反之，则应减小增加幅度。

虽然各种必需矿物质对奶牛都重要，但钙、磷具有特别重要的意义。这是由于分娩后奶牛体内的钙、磷处于负平衡状态，再加上产奶量迅速增加，钙、磷消耗增大。如果日粮不能提供充足的钙、磷，就会导致各种疾病，如骨软症、肢蹄病和产后瘫痪等。因此，日粮中必须提供充足的钙、磷和维生素 D。产后 10 天，每头每天钙摄入量不应低于 150 g，磷不应低于 100 g。

冬季气温低，天气寒冷，奶牛分娩过程中大量失水，且分娩过程体力消耗很大，应使其安静休息，并饮喂温热的麸皮盐钙汤（麸皮 500 g、食盐 50 g、碳酸钙 50 g、水 15 ～ 20 kg、水温 30 ～ 40℃）或麸皮盐水（麸皮 1 ～ 2 kg、食盐 100 ～ 150 g、水 15 ～ 20 kg、水温 30 ～ 40℃），可以起到补液、暖腹、充饥等作用，有利于体况恢复和胎衣排出。为促进子宫恢复和恶露排出，有条件的可补饮益母草红糖水（益母草 0.25 kg，水 1.5 kg，煎成水剂后，另加红糖 1.0 kg，温水 3.0 kg，温度控制在 30 ～ 40℃，每天 1 次，连服 2 ～ 3 天）。整个泌乳初期都要保持充足、清洁、适温的饮水，一般产后一周内应饮给 30 ～ 40℃的温水，以后逐步降至常温。但对于乳房水肿严重的奶牛，应适当控制饮水量。

母牛产后，产乳机能迅速增加，代谢旺盛，因此常发生代谢紊乱而患酮病和其他代谢病，所以围产后期饲养管理的重点应当以尽快促使母牛恢复健康为原则。

2. 围产后期的管理技术

首先应做好接产及分娩期护理工作，这是保障母体健康的重要前提。母牛分娩过程中其环境和牛体卫生状况与产后产道是否会发生感染关系密切。所以必须保证环境清洁，必须做好牛体后躯的消毒清洁工作。产房应昼夜值班，并准备好必要的用品。

泌乳初期管理的好坏直接关系到以后各阶段的产奶量和奶牛的健康。因此，必须高度重视泌乳初期的管理。

奶牛分娩后，第 1 次挤奶的时间越早越好，一般在产后 0.5 ～ 1 小时开始挤奶。提前挤奶，有助于产后胎衣的排出。同时，能使初生犊牛及早吃上初乳，有利于犊牛的健康。为了防止产后瘫痪，母牛产后头几次挤乳，不可挤的过净。分娩后 1 ～ 3 天内加强饲养管理，视具体情况尽早实现每日 3 次挤乳，第 1 天只要挤出够犊牛吃的初乳即可；第 2 天每次挤奶约为产奶量的 1/3；第 3 天约为 1/2；第 4 天约为 3/4；从第 5 天开始，可将奶全部挤净。另外，在实际生产中，能否产后就将奶挤净，要视奶牛体质、产奶量情况酌情对待。

分娩后，对乳房水肿严重者，在每次挤奶时都应加强热敷和按摩，并适当增加挤奶次数。每天最好挤奶 4 次以上，这样能促进乳房水肿更快消失。如果乳房消肿较慢，可用 40% 的硫酸镁温水洗涤，并按摩乳房，可以加快水肿的消失。分娩后，还要仔细观察胎衣是否排出或排出是否完整，发现异常及时处理。

产后 4 ～ 5 天内，每天坚持消毒后躯一次，重点是臀部、尾根和外阴部，要将恶露彻底洗净。同时，加强监护，注意观察恶露排出情况。如有恶露闭塞现象，即产后几天内仅见稠密透明分泌物而不见暗红色液态恶露，应及时处理，以防发生产后败血症或子宫炎等生殖道感染疾病。

要注意观察阴门、乳房、乳头等部位是否有损伤，食欲情况及有无瘫痪等疾病的先兆。同时，要详细记录奶牛的难产、助产、胎衣排出、恶露排出情况以及分娩时奶牛的体况等资料，以备以后根据上述情况有针对性的处理。

一般奶牛经过围产后期的身体恢复，食欲日趋旺盛，消化恢复正常，乳房水肿消退，恶露排尽。此时，可调出产房转入大群饲养。

二、泌乳盛期饲养管理技术

泌乳盛期又称泌乳高峰期。是指母牛分娩后 16 天到泌乳高峰期结束之间的一段时间（产后 16 ～ 100 天），是奶牛平均日产奶量最高的一个阶段。实践证明，峰值产奶量的高低直接影响整个泌乳期的产奶量，一般峰值产奶量每增加 1 kg，全期产奶量能增加 200 ～ 300 kg。因此，加强泌乳盛期的饲养管理非常重要。

1. 泌乳盛期饲养技术

泌乳盛期是饲养难度最大的阶段，因为此时泌乳处于高峰期，而母牛的采食量尚未达到高峰期。采食峰值滞后于泌乳峰值约一个半月，使奶牛摄入的养分不能满足泌乳的需要，不得不动用机体储备来支撑泌乳。因此，泌乳盛期开始阶段体重仍有下降。最早动用的体储备是体脂肪，在整个泌乳盛期和泌乳中期动用的体脂肪约可合成 1 000 kg 乳。如果体脂动用过多，在葡萄糖不足和糖代谢障碍的情况下，脂肪会氧化不全，导致奶牛暴发酮病，对牛体损害极大。

（1）满足干物质采食量

每天干物质采食量要占体重的3.2%～3.5%，特别高产牛可以达4%。配制日粮时既要考虑牛的饱腹感，还要考虑营养的满足，所以，日粮营养浓度要适宜，精料与粗料干物质比例为60：40。

（2）供给优质的粗饲料

泌乳盛期奶牛日粮中所使用的粗饲料必须保证优质、适口性好。干草以优质牧草为主，如优质苜蓿、羊草；青贮最好是全株玉米青贮；同时，饲喂一定量的啤酒糟、豆腐渣或其他青绿多汁饲料，以保持奶牛良好的食欲。粗饲料喂量，以干物质计，不能低于奶牛体重的1%，日粮中粗纤维占15%（高产牛最低不低于13%）。冬季加喂胡萝卜、甜菜等多汁饲料，每天喂量可达15 kg。

（3）供给优质的配合精料

必须保证足够的优质、营养丰富的精料供给。精料中玉米或大麦占50%，糠麸类占20%～22%，豆饼占20%～25%，磷酸氢钙占3%，食盐占1%～2%。喂量要逐渐增加，每天以增加0.5 kg左右为宜。但精料的供给量不是越多越好。一般认为，精料的喂量最好不超过15 kg，精料占日粮总干物质的最大比例不宜超过60%。在精料比例高时，要适当增加精料饲喂次数，采取少量多次饲喂的方法，或使用全混合日粮，可有效改善瘤胃微生物的活动环境，减少消化障碍、酮血症、产后瘫痪等疾病的发生。

（4）满足能量的需要

在泌乳盛期，奶牛对能量的需求量很大。即使达到最大采食量，仍无法满足泌乳的能量需要，奶牛必须动用体脂贮备。饲养的重点是供给适口性好的高能量饲料，并适当增加喂量，将体脂肪储备的动用量降到最低。但由于高能量饲料基本为精料，而精料饲喂过多对奶牛健康有很大的损害，在这种情况下，可以通过添加过瘤胃脂肪、植物油脂、全脂大豆、整粒棉籽等方法提高日粮能量浓度，而不增加精料喂量。但由于添加油脂，特别是非过瘤胃油脂，会影响奶牛采食量，抑制瘤胃微生物的活动，降低乳蛋白。因此，也要适当限制脂肪的添加量，以维持尽可能大的干物质采食量。脂肪的供给量每天以 0.5 kg 以内为宜，禁止使用动物性脂肪。日粮中每千克饲料干物质要达到 2.4 奶牛能量单位。

（5）满足蛋白质的需要

虽然奶牛最早动用的体储备是脂肪，但在营养负平衡中缺乏最严重的养分是体蛋白，这是由于体蛋白用于合成乳的效率不如体脂肪高，体储备量又少。奶牛每减重 1 kg 所含有的能量约可合成 6.56 kg 乳，而所含的蛋白仅能合成 4.8 kg 乳；奶牛可动用的体蛋白储备能合成 150 kg 左右的乳，仅为体脂肪储备合成能力的 1/7。因此，必须高度重视日粮蛋白质的供应。如果蛋白质供应不足，会严重影响整个日粮的利用率和产奶量。一般要求粗蛋白质占日粮干物质的 16%～18%，蛋白质含量并不是越高越好，过高不仅会造成蛋白质浪费，还会影响奶牛健康。实践表明，高产奶牛以饲喂高能量、满足蛋白需要的日粮效果最好。

奶牛日粮蛋白质中必须含有足量的过瘤胃蛋白、过瘤胃氨基酸等，以满足奶牛对氨基酸特别是赖氨酸和蛋氨酸的需要。日粮中过瘤胃蛋白含量应占到日粮总蛋白质的 48%左右为宜。目前，已知的过瘤胃蛋白含量较高的饲料有：玉米蛋白粉、小麦面筋粉、啤酒糟、白酒糟等，这些饲料适当多喂对增加奶牛产奶量有良好效果。

（6）满足钙、磷的需要及适当的钙磷比

泌乳盛期奶牛对钙、磷的需要量大幅度增加，必须及时增加日粮中钙、磷的含量，以满足奶牛泌乳的需要。钙的含量一般应占到日粮总干物质的 0.6%～0.8%，磷占 0.45%，钙磷比为（1.5～2）：1。

例如：有 1 头体重为 550～650 kg 的乳牛，泌乳盛期日粮组合如下：

精料给量标准：日产奶 20 kg，精料给量每天为 7～7.5 kg；日产奶 30 kg，精料给量为 7.5～10 kg；日产奶 40 kg 以上，精料给量为 8.5～13 kg。此外还应补给维生素。精料组成为豆饼 20%～30%，另外，每日补给动物蛋白 300 g，玉米 45%，麸皮 20%，矿物质 3%～5%（碳酸钙

1%，食盐 1%，骨粉 1%）。

糟渣类饲料每日 12 kg 以下，块根多汁类饲料每日 3 ～ 5 kg。

青贮料每日 20 kg 以下，干草 4 kg 以上。

钙、磷头日喂量分别不低于 150 g 和 100 g。

2. 泌乳盛期管理技术

由于泌乳盛期的管理涉及整个泌乳期的产奶量和奶牛健康。因此，泌乳盛期的管理至关重要。其目的是要保证产奶量不仅升得快，而且泌乳高峰期要长而稳定，以求最大限度地发挥奶牛泌乳潜力，获得最大产奶量。泌乳牛舍见图 3–7。

图 3–7　泌乳牛牛舍

泌乳盛期是乳房炎的高发期，要着重加强乳房的护理。可适当增加挤奶次数，加强乳房热敷和按摩。每次挤奶后对乳头进行药浴，可有效减少乳房受感染的机会。

泌乳盛期奶牛每天的日粮采食量很大，宜适当延长饲喂时间。每天食槽空置的时间应控制在 2 ～ 3 小时以内。饲料要少喂勤添，保持饲料的新鲜。饲喂时，如果不使用全混合日粮，可采用精料和粗料交替饲喂，以使奶牛保持旺盛的食欲。散养时，要保证有足够的食槽空间，以使每头牛都能充分采食。每天的剩料量控制在 5%左右。要加强对饮水的管理。在饲养过程中，应始终保证充足、清洁的饮水。冬季有条件的要饮温水，水温在16℃以上；夏季最好饮凉水，以利于防暑降温，保持奶牛食欲。

由于产奶量很高，如果日粮能量和蛋白摄入不足，会导致子宫复旧不全，体重下降，使发情期受胎率下降，相反蛋白过量，也会影响牛的发情及配种受孕，所以这一时期还应抓好适时配种工作。密切注意奶牛产后的发情情况，奶牛出现发情后要及时配种。配种时间以产后60～90天较佳。

这一时期是较易发生乳房炎的时期，而且此期患乳房炎，产奶损失较大，所以必须严格规范挤奶技术和卫生管理，及时检修挤乳设备，加强饲养管理。

要加强对奶牛的观察，并做好记录。出现异常情况，应立即进行处理。观察主要从体况、采食量、产奶量和繁殖性能等方面进行。奶牛产犊前，要达到良好体况。在泌乳盛期，由于动用体储备维持较高的产奶量，体况下降，但体况最差应在2.5分以上。否则，会使奶牛极度虚弱，极易患病。在奶牛体况过差的情况下，应考虑增加精料喂量或延长饲喂时间或增加饲喂次数。

三、泌乳中期饲养管理技术

泌乳中期是指分娩后101～210天这一泌乳时期。

在这个时期多数母牛产乳量逐渐下降，母牛已怀孕，其营养需要比泌乳盛期有所减少。泌乳中期采食量达到高峰，食欲良好，饲料转化率也高。因此在这一阶段要充分利用牛的生理变化特点，及时调整饲料，让其多吃粗饲料，防止精料浪费，精∶粗＝40∶60。同时在这一阶段要抓好母牛体况恢复，每头牛应有0.1～0.5 kg的日增重（初胎牛还应考虑生长需要，一般2岁母牛可在维持需要的基础上按饲养标准增加20%，3岁牛增加10%）。

例如，有1头体重为550～650 kg的乳牛，泌乳中期日粮组合如下。

精料给量标准：日产奶15 kg，精料给量每天6～6.5 kg；日产奶量20 kg，精料给量6.5～7.5 kg；日产奶量30 kg，精料给量8.5～10 kg。精料组成为：豆饼 25%，玉米 40%～50%，麸皮 20%～25%，矿物质 3%～5%，食盐 1%，碳酸钙 1.1%，骨粉 1%。

糟渣类饲料每日 10～12 kg，块根多汁类饲料 5 kg。

青贮料每日 20 kg，干草每日 4 kg。

钙、磷头日喂量分别不低于 102 g 和 80 g。

四、泌乳后期饲养管理技术

泌乳后期是指分娩后第 211 天到停奶这一时期，泌乳牛运动、休息场所见图 3–8。

图 3–8　泌乳牛运动休息场地

泌乳后期较好饲养，在这一阶段主要以恢复体况和保证胎儿发育为主，每日应有 0.5～0.75 kg 的日增重（不包括 1、2 胎牛）。

例如，有 1 头体重为 550～650 kg 的乳牛，泌乳后期日粮组合如下。

精料给量每日为 6～7 kg。精料组成为：豆饼 20%～25%，玉米 40%～45%，麸皮 20%～25%，矿物质 3%。

糟渣类、多汁类饲料每日不超过 20 kg。

青贮料每日不低于 20 kg，干草不低于 4～5 kg。

钙、磷分别不低于 120 g 和 90 g。

泌乳后期的奶牛一般处于妊娠后期。在饲养管理上，除了要考虑泌乳外，还应考虑妊娠。对于头胎牛，还要考虑生长因素。因此，此期饲养管理的关键是既要延缓产奶量下降的速度，又要使奶牛在泌乳期结束时恢复到一定的膘情，并保证胎儿的健康发育。奶牛卧床设施见图 3–9。

图 3–9　奶牛卧床

如果这一阶段奶牛膘情差别太大，最好分群饲养。根据体况分别饲喂，可以有效预防奶牛过肥或过瘦。泌乳后期结束时，奶牛体况评分应为 3.5 ～ 3.75，并在整个干奶期得以保持，这样可以确保奶牛营养储备满足下一个泌乳期的泌乳需要。

五、挤奶技术

挤奶技术是奶牛生产中的一个重要技术，在同样的饲养管理条件下挤奶技术的好坏对奶牛的泌乳量和乳房炎的发生率影响很大。正确而熟练的挤奶技术可显著提高泌乳量，并可大幅度减少乳房炎的发生。

1. 挤奶次数

国外为了降低劳动强度，多采用每天 2 次挤奶。国内为了提高奶牛单产，绝大多数采用每天 3 次挤奶。但对于日产奶量低于 15 kg 的奶牛，可以采用每天 2 次挤奶。

2. 挤奶方法

目前，通用的挤奶方法有两种：一是手工挤奶，二是机械挤奶。最早挤奶全部采用手工挤奶，随着挤奶机械的发展，由于其具有劳动强度小、生产效率高、不易污染牛奶、等众多优点，逐渐替代了人工挤奶，成为现代奶牛养殖过程中的主体挤奶方式。但在某些条件下仍必须采用手工挤奶，例如，患有乳房炎的牛、初乳期的牛、患病牛等。所以，挤奶员必须熟练掌握手工挤奶技术和机器挤奶技术。

（1）手工挤奶技术

手工挤奶程序为：准备工作→清洗、按摩乳房→挤弃、观察头三把奶→挤奶→药浴乳头→清洗用具、记录数量。

准备工作：挤奶前，要将所有的用具和设备洗净、消毒，并集中在一起备用。挤奶员要剪短并磨圆指甲，穿戴好工作服，用肥皂洗净双手，将躺卧的奶牛温和地赶起；清除牛床后 1/3 处的垫草和粪便，准备好挤奶桶、滤奶杯、药浴杯、干净的毛巾、盛有 50℃的温水、水桶等。

清洗按摩乳房：挤奶前要用 50℃的温水清洁乳房。擦洗时，先用湿毛巾依次擦洗乳头和乳房，再用干毛巾自下而上擦净乳房的每一个部位。每头牛所用的毛巾和水桶都要做到专用，以防止交叉感染。随后进行乳房按摩，方法是用双手抱住左侧乳房，双手拇指放在乳房外侧，其余手指放在乳房中沟，自下而上和自上而下按摩 2 ～ 3 次，同样的方法按摩对侧乳房。然后开始挤奶。按摩是启动奶牛泌乳反射的一个必要步骤。

挤弃、观察头三把奶：清洗按摩结束后，将头三把奶挤弃在相应的的容器内，并观察乳汁性状，检查是否正常。这一步工作的目的有 3 点：①启动泌乳反射；②检查乳汁是否正常；③挤弃头三把奶可降低乳中的细菌数。

挤奶：将每个乳区的头两把奶挤入带面网的专用滤奶杯中，观察是否有凝块等异常现象。同时，触摸乳房是否有红肿、疼痛等异常现象，以确定是否患有乳房炎。检查时，严禁将头两把奶挤到牛床或挤奶员手上，以防交叉感染。对于发现患病的牛，要及时隔离单独饲喂，并积极进行治疗。对于检查确定正常的奶牛，挤奶员坐在牛一侧后 1/3 ～ 2/3 处，两腿夹住奶桶，精力集中，开始挤奶。挤奶时，最常用的方法为拳握法。该法具有乳头不变形、不损伤、挤奶速度快、省力方便等优点。对于乳头较小的牛，可采用滑下法。拳握法的要点是用全部指头握住乳头，首先用拇指和食指握紧乳头基部，防止乳汁倒流；然后，用中指、无名指、小指自上而下挤压乳头，使牛乳从乳头中挤出。挤乳频率以每分钟80～120次为宜。当挤出奶量急剧减少时停止挤奶，换另一个乳区继续进行，直至所有的乳区挤完。滑挤法是用拇指和食指握住乳头基部自上而下滑动，此法容易拉长乳头，造成乳头损伤，只能用于乳头特别短小的牛。

药浴：挤完乳后立即用乳头药浴液进行乳头药浴（图3–10），这样可以显著降低乳房炎的发病率。这是因为挤完奶后，乳头管口需要15～20分钟才能完全闭合。在这个过程中，环境病原微生物极易侵入，导致奶牛感染。

图3–10　奶牛乳头药浴

清洗用具：挤完奶后，应及时将所有用具洗净、消毒，置于干燥清洁处保存，以备下次使用。

（2）机械挤奶

手工挤奶具有劳动强度大、挤奶员易疲劳和易污染牛奶、对挤奶技术要求高等缺点，因此，现代奶牛生产技术中通常来用挤奶机械进行挤奶。挤奶机械主要有提桶式（图3–11）、移动式和管道式集中挤奶式（图

3–12）3 种方式。提桶式适用于拴系挤奶的小型养殖户；移动式适用于散养的农户和小型奶牛场；管道式适于大、中型奶牛场。

图 3–11　提桶式挤奶

图 3–12　管道式集中挤奶

挤奶机械是利用真空原理，模仿小牛自然吮吸吃乳过程，将乳从牛的乳房中吸出，一般由真空泵、真空罐、真空管道、真空调节器、挤奶器（包括乳杯、集乳器、脉动器、橡胶软管、计量器等）、储存罐等组成。

挤奶准备：首先，做好挤奶环境和挤奶员的清洁卫生，准备好挤奶过程中要用的用具。然后，检查挤奶机的真空度和脉冲频率是否符合要求，绝大多数挤奶机的真空度为 40 ～ 45 kPa，脉动频率一般为 55 ～ 65

次 / 分钟。

挤奶：挤奶机挤奶的整个过程由机器自动完成，不需要挤奶员参与。完成一次挤奶所需的时间一般为 4 ～ 5 分钟。一般的挤奶程序如下：擦洗乳头→手工挤出头三把奶观察→乳头药浴→ 20 ～ 30 秒后用纸巾擦干→按正确方式套上挤奶杯开始挤奶→挤奶结束再进行乳头药浴 1 次。在挤奶过程中，可能出现挤奶杯脱落、挤奶杯向乳头基部过度爬升等现象。挤奶员应密切注意挤奶进程，很好地把握挤奶适度和时间，不可随意离开，发现问题要及时处理。在挤奶过程中，挤奶结束后对挤奶器械按照生产厂家规定的程序进行清洗、消毒，以备下次使用。

3. 挤奶注意事项

挤奶看似简单，但在实际操作过程中存在的问题很多，其好坏直接关系到奶牛健康、泌乳量、牛奶质量、挤奶机寿命和牛场的经济效益。因此，在挤奶过程中应密切注意以下事项。

一是要建立完善合理的挤奶规程。在操作过程中严格遵守，并建立一套行之有效的检查、考核和奖惩制度。要加强对挤奶人员的培训，使其不仅掌握熟练的手工挤奶技术，还要了解奶牛的行为科学、泌乳生理和奶牛的饲养管理，以便及时发现异常情况，并根据不同的情况对奶牛进行及时处理。

二是要保持奶牛、挤奶员和挤奶环境的清洁、卫生。挤奶环境还要保持安静，避免奶牛受惊。挤奶员要和奶牛建立亲和关系，严禁粗暴对待奶牛。

三是挤奶次数和挤奶间隔时间确定后应严格遵守，不要轻易改变，否则会影响泌乳量。

四是产犊后 5 ～ 7 天内的母牛和患乳房炎的母牛不能采用机械挤奶，必须使用手工挤奶。使用机械挤奶时，安装挤奶杯（图 3–13）的速度要快。

五是挤奶时，既要避免过度挤奶，又要避免挤奶不足。过度挤奶，不仅使挤奶时间长，还易导致乳房疲劳，影响以后排乳速度；挤奶不足，会使乳房中余乳过多，不仅影响泌乳量，还容易导致奶牛患乳房炎。关

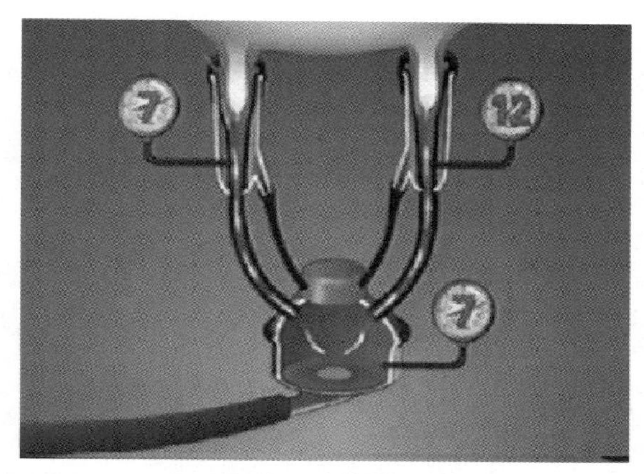

图 3-13　挤奶杯结构示意

于余乳多少最合适，目前有很大争议。原来的观点认为，挤奶越彻底越好，这样会降低奶牛患乳房炎的机会。但最新的研究却表明，适当余乳有利于降低乳房炎的发病率。因此，还需要进行更深入的研究，以确定合适的挤奶时间。

六是挤乳后，尽量保持母牛站立 1 小时左右。这样可以防止乳头过早与地面接触，使乳头括约肌完全收缩，有利于降低乳房炎发病率。

七是有条件的奶牛场尽量参加 DHI 测定。根据 DHI 测定的体细胞（SCC）计数，可以做到早期发现乳房炎和隐性乳房炎，有利于乳房炎的早期治疗。

第五节　干奶牛饲养管理技术

干奶也称停奶，干奶牛（或干乳牛）是指从停止挤乳到产犊前的经产牛。

一、干奶的意义

干奶的意义有以下几方面。

一是使母牛体内贮存一定营养，进一步改善营养状况，为下一泌乳期做好准备。

二是使乳腺细胞得以修复、更新、休息、恢复，为下一泌乳期服务。

三是保证胎儿健康发育。

二、干奶方法

对于日产奶量 15 kg 以下者，认真细致按摩乳房，彻底将奶挤干净，然后通过乳头管向乳房内注入干奶药（图 3–14）即可。对于停奶时日产奶 15 kg 以上者，如果条件允许可以利用 3 ～ 5 天的时间，逐渐减少挤奶次数，然后再进行一次性停奶的方式进行停奶。

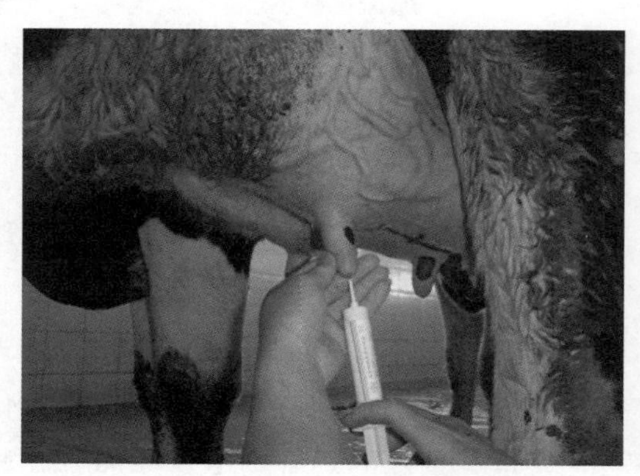

图 3–14　奶牛干奶操作

三、干乳后的注意事项

一是干乳后不要再按摩乳房。

二是干乳后要注意观察乳房变化。停乳的最初几天，乳房会表现出不同程度的肿胀，但只要不出现红、痛、发热、发亮等不良现象就属正常。3 ～ 5 天内乳房内的积乳会被逐渐吸收。10 天左右会恢复柔软状态，乳腺进入休息状态。

三是患乳腺炎者须等治愈后再干乳。

四是停乳后发生乳房炎者，须治愈后重新干乳。

干乳期一般为 60 天，但也可根据具体情况适当延长或缩减，但最短不要超过 45 天。另外，干乳前一定要做一次妊娠诊断，以防误停。

四、干乳牛饲养技术

干乳期饲养管理是成乳牛饲养管理的重点之一，干乳期饲养管理好坏对保胎、产后泌乳及下胎牛的繁殖和健康有十分重要的意义。干乳牛的日粮要求如下：

精料头日喂量 3 ～ 4 kg。

青贮料头日喂量 10 ～ 15 kg；干草头日喂量 3 ～ 5 kg。

糟渣类饲料、多汁类饲料头日喂量不宜超过 5 kg。精粗比例一般为 25 : 75。

停奶后 1 ～ 2 周饲养原则：在满足乳牛营养需要的前提条件下，一般以粗饲料为主，适当搭配精料。为了使乳腺尽早停止活动，尽快达到干乳目的，最好不喂多汁饲料和副料，充分利用干草。

干乳两周后饲养原则：可根据具体情况适当调整饲料，如膘情较差、乳房未膨胀者，可适当增加精料和副料的喂量，如过肥可适当减少其喂量。

围产前期饲养原则：围产期是指分娩前后 15 天这段时间。分娩前 15 天又称围产前期；分娩后 15 天又称围产后期。乳牛阶段饲养的生产实践表明，这一阶段对母牛的生产性能、健康和所产犊的健康有十分重要的意义。干乳期是成乳牛的一个重点，而围产前期是干乳期的一个重点。有资料表明，成乳牛的死亡有 70%～ 80%发生于围产期，所以，围产期饲养管理以保健为中心，围产期医学在人医已成为一门新兴学科。从围产前期第一天开始，每天增加 0.5 kg 精料喂量，粗饲料可让其自由采食，以便使瘤胃微生物菌群及胃肠功能提前适应分娩后的变化，防止产后代谢病的发生。乳房水肿严重者不宜增加精料。在这一阶段日粮应为低钙日粮，钙在精料中的含量应为平时的 1/2 ～ 1/3。临产前一周应将牛转入产房，也可适当增加精料，但最大量不能超过体重的 1.5%，乳房水肿严重者不宜增加精料。临产前一周增加精料，有助于产后大量泌乳和适应母牛产后的采食变化。

五、干乳牛管理技术

干乳牛的管理应注意以下几个方面。

一是分群饲养管理，以保健、保胎、防流产和提高下胎产量为重点。

二是停乳后 1 ～ 2 周，不要触摸乳房，要加强卫生管理，防止乳房炎发生。

三是干乳期不宜采血，不宜预防接种，不宜修蹄。

四是防止过肥，膘情以中等为宜。干乳期过肥，易导致母牛产后食欲不振；易患酮血症；易难产；可导致脂肪肝。

五是增加干乳牛的运动，可促进血液循环，减少或预防肢蹄病和难产发生。

六是母牛在妊娠期，皮肤代谢旺盛，易生皮垢，每天加强刷拭可促进血液循环，又可使牛更加驯服，易于管理。

七是不喂腐败变质、冰冻饲料，不饮结冰水及污水。

八是临产前 7 天转入产房，做好接产准备。

第四章 奶牛饲养管理新技术

第一节 牛群饮水管理

一、各阶段奶牛的饮水量

水是奶牛组织细胞的重要组成物质，水参与牛体内营养物质的消化、吸收、排泄等生理生化过程，也是泌乳的重要营养物质来源。研究表明，缺水比缺少其他营养物质更易引发代谢障碍。短时间缺水，就会引起食欲减退，生产力下降。较长时间的缺水，则可导致饲料消化障碍，代谢物质排出困难，血液浓度及体温升高。奶牛体内失水 10%，可导致代谢紊乱；当因缺水使体重下降 20% 时，牛便会死亡。另外，缺水可导致奶牛生产力下降，健康受损，生长滞缓。轻度缺水往往不易被发现，常常在不知不觉中造成很大经济损失。

奶牛每产 1 kg 牛奶需要 3 kg 水，每采食 1 kg 干物质需要消耗 3 ～ 4 L 的水，奶牛饮水量估算可参照表 4–1。

表 4–1　不同时期奶牛饮水量

奶牛阶段	年龄 / 条件	饮水量（升 / 天）
犊牛	1 月龄	5.9 ～ 9.1
	2 月龄	6.8 ～ 10.9
	3 月龄	9.5 ～ 12.7
	4 月龄	13.6 ～ 15.9
	5 月龄	17.3 ～ 20.9
育成牛	6 ～ 17 月龄	26.8 ～ 32.3
青年牛	18 ～ 24 月龄	33.2 ～ 43.6
干奶牛	妊娠 6 ～ 9 月龄	31.8 ～ 59.1
泌乳牛	产奶量 15 kg/ 天	81.8 ～ 100.0
	产奶量 25 kg/ 天	104.6 ～ 122.7
	产奶量 35 kg/ 天	136.4 ～ 163.7
	产奶量 45 kg/ 天	159.1 ～ 186.4

二、奶牛冬季饮水管理注意事项

由于冬季天寒地冷，水容易结冰，饮水设施也容易发生障碍，容易出现奶牛饮水不足的问题；另外，冬季奶牛喜欢采食干草等含水量少的饲料，使得消化液的分泌量增加，泌乳牛仅唾液一项每天就得分泌 50 L。若不能充分饮水，奶牛食欲就会下降。

奶牛需要全天供水，奶牛冬季饮水要求每天早、午、晚各饮水一次，最好能全天供水。如果奶牛在水槽旁等水喝，说明饮水供应不够，应及时调整饮水次数及饮水量。奶牛自动饮水设施见图 4–1。

饮用水的温度对奶牛也有很大的影响，体重 400 kg 的奶牛饮用冰水需要增加 15% 的饲料总能消耗。水温过高或过低，都会影响奶牛的饮水量、饲料利用率和健康。

冬季普通奶牛不应低于 8℃，高产奶牛不应低于 14℃。冬季将奶牛饮水温度维持在 9 ～ 15℃，可比饮 0 ～ 2℃水的奶牛每天多产奶 0.57 L，提高产奶率 8.7%。但并不是说水温越高越好，奶牛长期饮用温水会降低其对环境温度急剧变化的抵抗力，更容易患感冒等疾病。

图 4-1　奶牛自动饮水设施

三、奶牛夏季饮水管理注意事项

夏季是奶牛饲养管理难度最大的季节，夏季保证奶牛有足够清洁的饮水对防暑降温工作有十分重要的意义。

在奶牛夏季的饮水管理上，保证奶牛随时能喝到清洁、清凉、充足的饮水是夏季饮水管理的重点，相对于冬季而言，奶牛在夏天的饮水量明显高于冬天。由于夏天气温高、蚊蝇多，更要加强夏季饮水槽的清洗和卫生管理工作。

第二节　奶牛全混合日粮（TMR）应用技术

一、TMR 制作技术

TMR 是英文 Total mixed rations（全混合日粮）的简称，所谓全混合日粮（TMR）就是一种将粗料、精料、矿物质、维生素和其他添加剂充分混合，能够提供足够的营养以满足奶牛需要的饲养技术。TMR 饲养技术在配套技术措施和性能优良的 TMR 机械的基础上能够保证奶牛每采食一口日粮都是精粗比例稳定、营养浓度一致的全价日粮。目前，这种成熟的奶牛饲喂技术在以色列、美国、意大利、加拿大等国已经普遍使用，TMR 饲养技术在我国的奶牛生产上也得到广泛应用。奶牛 TMR 搅拌车上料过程见图 4–2。

1. TMR 的优点

TMR 有以下主要优点。

一是制作良好的全混合日粮（TMR），可保证饲料营养均衡，并且能增强瘤胃机能，维持瘤胃 pH 值的稳定，防止瘤胃酸中毒。

二是混合均匀度较高（图 4–2），可以避免奶牛挑食，大大提高了饲料的利用率。

图 4–2　TMR 搅拌车上料过程

三是可最大限度提高奶牛干物质的采食量，提高饲料的转化率和产奶量。

四是可以稳定奶牛的泌乳曲线，产后泌乳高峰期持续时间较长，可提高产奶量 1 ～ 5 kg /（天・头），提高乳脂率为 0.1% ～ 0.2%。

五是使复杂劳动简单化，减少饲养的随意性，使得饲养管理更精确，同时使得饲料浪费量大大降低，可降低饲喂成本 5% ～ 7%。

六是可根据不同的奶牛群或不同泌乳期营养和生理的需要，随时调整 TMR 配方，使奶牛达到标准体况，发挥泌乳遗传潜力和繁殖力。

2. TMR 制作技术

（1）TMR 制作过程中的饲草料添加原则和顺序

饲草料添加原则：遵循先干后湿，先精后粗，先轻后重的原则。

饲草料添加顺序：精料→干草→副饲料→全棉籽→青贮→湿糟类等。

如果是立式饲料搅拌车，精料和干草添加顺序应颠倒。

（2）搅拌时间

掌握适宜搅拌时间的原则是确保搅拌后 TMR 中至少有 20% 的粗饲料长度大于 3.5 cm。一般情况下，最后一种饲料加入后搅拌 5 ～ 8 分钟。

（3）效果评价

从感官上，搅拌效果好的 TMR 日粮表现在：精粗饲料混合均匀，松散不分离，色泽均匀，新鲜不发热、无异味、不结块。

（4）水分控制

水分控制在 45% ～ 55%。

（5）注意事项

根据搅拌车的说明，掌握适宜的搅拌量，避免过多装载，影响搅拌效果。通常装载量占总容积的 60% ～ 75% 为宜。

严格按日粮配方，保证各组分精确给量，定期校正计量控制器。

根据青贮及副饲料等的含水量，掌握控制全混合日粮水分。

添加过程中，防止铁器、石块、包装绳等杂质等混入搅拌车，造成车辆损伤。

二、TMR 饲喂管理技术要点

管理技术措施是有效使用 TMR 的关键之一，良好的管理能够使奶牛场在应用全混合日粮的过程中获得最大的经济利益，TMR 搅拌车喷料过程见图 4–3。

图 4-3 TMR 搅拌车喷料过程

TMR 饲喂管理技术要点如下。

要根据奶牛的营养需要，结合奶牛不同胎次、泌乳阶段、体况、乳脂和乳蛋白以及气候等计算出奶牛的实际采食量，并制作出相应的日粮配方。对奶牛饲料原料没有及时、定期的化验，导致实际供给奶牛的营养误差很大，不仅会导致饲料利用率下降，而且还严重影响到牛只的健康。

要注意奶牛的合理分群，若应用 TMR 技术而不分群，会导致有的奶牛饲喂过量而肥胖。如何分群要视牛群的大小和现有设施设备而定。在生产上可应用不同的饲养体系。在牛群小时可采用单一配方日粮的制度，如果有需要且有可能，根据生产、泌乳期等状况而改换成有多种配方日粮的制度。

要保证牛有充足的采食位，食槽宽度、高度、颈夹尺寸适宜；槽底光滑，浅颜色。采食槽位要有遮阳棚，暑期通过吹风、喷淋，减少热应激。

每天 2 ～ 3 次饲喂，固定饲喂顺序、投料均匀。

班前班后查槽，观察日粮一致性，搅拌均匀度评价；观察牛只采食、反刍及剩料情况。

每天清槽，剩槽 3% ～ 5% 为合适，合理利用回头草。夏季定期清槽。

不空槽、勤匀槽，如果投放量不足，增加 TMR 给量时，切忌增加单一饲料品种。

保持饲料新鲜度，认真分析采食量下降原因，不要马上降低投放量。

观察奶牛反刍，奶牛在休息时至少应有 40% 的牛只在反刍。

夏季成母牛回头草直接投放给后备牛或干奶牛，避免放置时间过长造成发热变质。同时避免与新鲜饲料二次搅拌引起日粮品质下降。

TMR 机械设施的维护和保养没有得到牛场的足够重视；经常会因此问题导致 TMR 机不能正常工作，日粮没办法正常生产，严重影响到牧场的生产成绩。

第三节　奶牛生产性能测定体系（DHI）

一、DHI 的测定

DHI 是 Dairy Herd Improvement 的缩写，字面意思为奶牛群改良。由于牛群遗传改良的基础性工作是对个体进行生产性能测定，建立系统的奶牛生产数据记录资料体系，为牛群改良及生产管理提供科学分析的依据，所以习惯上将 DHI 称为奶牛生产性能测定体系。

目前，DHI 体系已成为支撑世界乳业科学发展的一个重要组成部分，我国于 1993 年 6 月率先在天津奶牛发展中心开始推广应用。经过 20 余年的推广应用，目前，奶牛生产性能测定体系已推广应用到全国绝大部分省区，获得了良好应用成效，有效地促进了我国奶牛生产性能和遗传品质的提升。

1. 推广应用 DHI 的意义

通过开展奶牛生产性能测定体系（DHI）工作，可以获得全面准确的牛群量化信息指标，这些指标可以为我国的奶牛改良和后裔测定提供准确的量化数据，有助于我国建立奶牛育种和良种登记体系，对全面提升我国奶牛遗传品质具有实际意义。

随着我国奶牛养殖规模和经营模式的调整变化，数字化管理、科学化管理将成为一种必然，通过对泌乳牛生产性能测定，可以获得系统全面的数据资料。这些数据资料为牧场进行数字化精细管理创造了条件，可促进牧场由粗放型管理模式向精细管理模式的迈进。另外，通过对DHI 数据分析，可以充分了解牛场饲养管理水平，为饲养管理水平提高奠定了基础。

2. DHI 测定报告

DHI 测定报告是 DHI 测定实验室根据对牧场奶样的测定结果，通过对测定数据分析而反馈给牧场的一个分析报告。数据分析过程由计算机来完成，有专门用于分析处理 DHI 数据的专业软件。从采样到将 DHI 测定报告反馈给牧场，需要 3 ～ 7 天时间。

3. DHI 测定基本要求

DHI 测试对象为产后 5 天至干奶这一阶段的泌乳牛；测试间隔时间为 26 ～ 33 天；泌乳期内系每月测定一次，进行 9 ～ 10 次测定。

24 小时 3 班挤奶采样比例为 4 ∶ 3 ∶ 3，每次最少 30 ml。

参与 DHI 测试的牧场应该有准确的谱系档案和牛只编号；还应有奶牛生产的基本资料记录，如分娩记录、胎次记录、配种记录等。

4. DHI 主要测定指标

奶牛生产性能测定体系测定的主要指标有产奶量、乳脂、乳蛋白、体细胞数、乳糖、总固体及牛群相关信息资料。通过对上述测定指标及所收集信息的分析，可以形成 DHI 报告，在 DHI 报告中根据奶牛的生理特点和生物模型统计推断，可得出 20 多个信息指标，通过这些指标可以让经营者准确掌握当前牛群的生产状况，分析自身的管理水平和存在问题，为提升生产管理提供指导。

DHI 报告中的信息指标主要有：泌乳天数、乳损失、上次体细胞数、首次体细胞数、高峰天数、高峰产奶量、305 天产奶量、305 天脂肪、

305 天乳脂率、305 天蛋白、305 天乳蛋白率、已产奶量（总产奶量）、已产脂肪（总脂肪量）、已产蛋白（总蛋白）、体细胞数、奶款差、经济损失、校正奶量、持续力、成年当量、WHI 群内级别指数。

二、DHI 的应用

1. 泌乳天数

指从分娩当天到测试当天的时间天数，通过此信息指标可以得知牛群整体及个体所处的泌乳阶段。在全年配种均衡的情况下，牛群的平均泌乳天数应该为 150 ～ 170 天，如果 DHI 报告提供的这一信息显著高于这一指标，说明牛场在繁殖方面存在问题，应该加以改进或对牛群进行调整，对于长期不孕牛应该采取淘汰或特殊的治疗办法。

2. 胎次

胎次是衡量泌乳牛群组成结构是否合理的一个重要指标。一般情况下，牛群合理的平胎次为 3 ～ 3.5，处于此状态的成乳牛群能充分发挥其优良的遗传性能，具有较高的产乳能力，养殖效益也高；另外，也有利于维持牧场后备牛群与成乳牛的结构合理。

3. 乳脂率和乳蛋白率

乳脂率和乳蛋白率是衡量牛奶质量和按质定价的两个重要指标，乳脂率和乳蛋白率高低主要受遗传和饲养管理两方面的因素影响。因此，DHI 报告提供的乳脂率和乳蛋白率数据资料对牧场选择公牛精液，促进牛群遗传性能提高，做好选配选育工作有重要指导作用。另外，乳脂率和乳蛋白率下降可能是由饲料配比不当、日粮成分不平衡、饲料加工不合理、奶牛患代谢病等因素引起。例如，如果泌乳早期乳蛋白率过低，可能存在干乳期日粮配合不合理、产犊时膘情太差、泌乳早期饲料中蛋白不足等问题。

4. 脂肪蛋白比

脂肪蛋白比是指牛奶中脂肪率与蛋白率的比值，正常情况脂肪蛋白比为 1.12 ～ 1.13，高产牛和泌乳高峰阶段此值会偏小。小于 1 时则为典

型的瘤胃酸中毒，若这种牛占到其全群的 8% ～ 10% 说明牛群有酸中毒问题。高脂低蛋白一般说明日粮中添加了脂肪，或日粮中可消化蛋白不足，或奶牛出现热应激，或发生了代谢性疾病。低脂高蛋白很可能是日粮中粗纤维不足所致。

5. 校正奶

DHII 报告中提供的校正奶是依据实际泌乳天数和乳脂率校正为 150 天、乳脂率为 3.5% 的日产奶量。可用于不同泌乳阶段奶牛泌乳水平的比较；也可用于不同牛群之间生产性能的比较。例如，001 号牛和 002 号牛在某月的产奶量相同，但计算得出的校正奶数值 001 号比 002 号高 20 kg，这就说明 001 号牛的产奶性能高于 002 号牛。

6. 体细胞数（SCC）

体细胞数（SCC）是指每毫升乳中所含巨噬细胞、淋巴细胞、嗜中性白细胞、脱落上皮细胞（7%）等的总数。乳中体细胞数多少是衡量乳房健康程度和奶牛保健状况的重要指标，是牧场饲养管理工作中的一个指导性数据，乳中体细胞增加也会导致泌乳性能、乳汁质量下降，乳汁成分及乳品风味变化。

理想的牛奶体细胞数为：

第 1 胎≤ 15 万 /mL。

第 2 胎≤ 25 万 /mL。

第 3 胎≤ 30 万 /mL。

SCC 升高与许多因素有关。一般情况下，泌乳初期和早期的细胞数要高于泌乳中期；SCC 随胎次的升高而增加；寒冷或低温季节的 SCC 要低于高温季节；应激会导致 SCC 升高；乳腺炎会导致 SCC 显著升高。

7. 奶损失

指乳房受细菌感染而造成的泌乳损失。DHI 报告为牧场提供了详细的每头牛因乳房感染而造成的奶损失和牛群平均奶损失，为牛场计算由于乳腺感染所造成的具体经济损失提供了方法。产奶损失与体细胞的关系及计算公式如表 4–2 所示。

表 4–2　产奶损失与体细胞的关系及计算公式

体细胞数（SCC）	奶损失（X）
SCC ＜ 15 万	X=0
15 万≤ SCC ＜ 25 万	X=1.5 × 产奶量 /98.5
25 万≤ SCC ＜ 40 万	X=3.5 × 产奶量 /96.5
40 万≤ SCC ＜ 110 万	X=7.5 × 产奶量 /92.5
110 万≤ SCC ＜ 300 万	X=12.5 × 产奶量 /87.5
SCC ＞ 300 万	X=17.5 × 产奶量 /82.5

8. 经济损失

指由于乳腺炎所造成的总经济损失，包括奶损失和乳腺炎的其他损失，其中奶损失占 64%。乳腺炎的其他损失包括乳腺永久性破坏损失、牛只间传染所造成的损失、淘汰、提前干奶、治疗费用支出、抗生素残留奶、乳质下降等方面的损失。例如，001 号牛测试日产奶量为 27 kg，体细胞为 81 万 /ml，体细胞公值按 6 分计算，产奶损失 X=6.0 × 27/92.5=1.75 kg，如果每千克奶价为 3.6 元，则产奶方面的经济损失就为 1.75 × 3.6=6.3 元，测奶日由于乳腺炎所造成的经济损失就为 6.3/64%=9.84 元。

9. 305 天产奶量

对未满 305 天的泌乳奶牛，指的是 305 天的预测奶量；对于实际泌乳天数达到或超过 305 天的奶牛则指的是 305 天的实际产奶量。

通过此指标可了解不同个体及群体的生产性能。通过对此指标的分析，可以得出饲养理水平对奶牛生产性的影响。例如，某 1 头牛在某月的泌乳量显著低于所预测的泌乳量，则说明饲养管理等方面的某些因素影响了奶牛生产性能的充分发挥；相反则说明本阶段的饲养管理水平有所提高。此指标也可以反映出该牛场整体饲养管理水平的发展变化。

10. 高峰日与高峰产奶量

高峰日是指在几次测定中，奶牛产奶量最高的泌乳天数。

高峰产奶量是指一个泌乳期的最高日产奶量。

高峰日到来的早晚和高峰日产奶量高低，直接影响着本胎次的产奶量。生产统计数据表明，高峰奶量增加 1 kg，头胎奶牛单产可提高 400 kg，第 2 胎奶牛单产可提高 270 kg，第 3 胎奶牛单产可提高 256 kg。正常情况下，泌乳高峰期到达的时间为 50 天（40 ～ 60 天），每月产奶量为上一月的 90% ～ 95%，头胎牛高峰产奶量为成年牛的 75% 以上，而奶牛采食量高峰期到来的时间为产后 90 天，因此，促进奶牛高峰日及时到来、并保证良好的持续性，对本胎次的产奶量高低意义重大。要保证这两个指标达到较高水平，就必须重视以下工作。

保证经产牛在上一胎次末期要有良好的膘情，做好干奶期饲养管理工作，重视干奶过程监测，防止干奶期乳房炎发生，对干奶期乳房炎要及时治疗。

头胎牛要重视犊牛期、育成期的饲养管理，保证配种时的体尺、体重指标，并适时配种。

做好围产后期防止乳房炎及其他并发症的发生。

及时调整日粮配方和饲料结构，加强泌乳早期营养指标。

11. 干奶期时间

指具体的干奶期时间。如果干奶时间过长，则说明牛群在繁殖方面存在问题；干奶时间过短，则说明牛场存在影响奶牛及时干奶的管理和非管理问题，干奶时间过短将会影响到下胎次的产奶量。

12. 泌乳天数

指奶牛在本胎次中的实际泌乳天数，可反映牛群在过去一段时间的繁殖状况。泌乳期太长说明牛群存在繁殖等一系列问题，可能是配种技术问题，也可能是饲养管理问题，也可能是一些非直接原因所致。

13. 持续力

根据检测牛本次和上次的日产奶量数据，可以计算出此牛的泌乳持续力。

泌乳持续力（%）= 测定日产奶量 / 上一次测定日产奶量 ×100%

泌乳持续力可以用来比较不同个体牛的持续产奶能力，泌乳持续力会随胎次和泌乳阶段的变化而有所变化。一般而言，1 胎牛产奶量的下降比 2 胎牛要缓慢。正常情况下，产奶量日下降率为 0.07%。如果泌乳持续力高，可能意味着前期的生产能力没有得到充分发挥，应该弥补前期的营养不良；如果泌乳持续力低，则说明目前的日粮营养可能不能满足相应的营养需要。或者存在乳房炎、挤奶技术管理等方面的问题。如果 1 头牛早早地到了高峰值，但持续性很差，这说明在营养上存在问题。

14. 成年当量

是指将各胎次产奶量校正到第 5 胎时的 305 天产奶量。一般认为，第 5 胎时母牛身体及器官发育达到了最高水平。利用成年当量可以比较衡量不同胎次母牛泌乳期生产性能高低。

15. WHI（群内级别指数）

指个体或每一胎次牛在整个牛群中的生产性能等级评分。

WHI= 个体牛只校正奶量 / 牛群整体的校正奶量 ×100

WHI 可用于牛只生产性能的互相比较，反映了牛只生产潜能水平的高低。

第五章 奶牛疫病防控实用技术

第一节 奶牛疫病防控的意义

牛奶作为人类营养的最佳来源，俗称第二母乳，牛奶与人类健康的关切度变得越来越高。近年来在动物性食品消费增长方面牛奶位居第一，10年之间人均消费量已从 6 kg 增长到 26 kg，增长了 3 倍多。人们对乳品安全提出了更高的要求，绿色牛奶、有机牛奶已经成为牛奶消费的主流。

但牛奶生产具有其特殊性，乳品安全的监控难度和技术要求远高于其他动物性食品，其特殊性主要表现在以下几个方面。

第一，患有某些人兽共患病的奶牛，通过血液循环可使病原微生物进入牛奶，从而会给人体健康带来不良影响；奶牛的一些内科病、产科病、外科病也会影响牛奶的质量，不健康的奶牛所生产的牛奶在质量及风味方面与健康牛奶存在差异。

第二，在乳制品加工消毒过程中，长时间高温消毒可造成牛奶部分蛋白质分解或变性，也可造成少量磷酸盐等沉淀，使牛乳的色、香、味及营养价值受到影响。因此，牛奶的消毒灭菌方法和肉制品的消毒灭菌方法存在着很大的差别。为了防止牛乳腐败变质、延长保存时间及杀灭其中的有害微生物，目前常用的杀菌和灭菌方法主要为巴氏高温短时间杀菌法和超高温瞬时灭菌法。

巴氏高温短时间杀菌法：此方法是最常用的杀菌方法。将乳加热到 72 ～ 75℃，维持 15 ～ 16 秒，或将奶加热到 80 ～ 85℃维持 10 ～ 15 秒，此方法可杀灭绝大部分微生物，但会引起部分蛋白质和少量磷酸盐沉淀。

超高温瞬时灭菌法：此灭菌方法的灭菌温度一般为 130 ～ 150℃，灭菌时间一般为数秒钟。此方法可灭乳中的全部微生物，但对乳有一定影响，可导致部分蛋白质会分解变性，其色香味不如巴氏杀菌乳，脱脂乳的亮度、浊度和黏度会受到影响。

第三，在奶制品的消费中，老人、小孩、病人的消费量占有较大比例。但老人、小孩、病人属于身体免疫力较差的群体，孩子们正处在生长发育的重要阶段，如果不能充分保证乳品质量安全，将会对社会造成严重的不良影响。

第四，牛奶是一种液体性动物食品，与肉食品等相比在营养的丰富性和消化利用性方面具有无与伦比的优越性，但牛奶不易保存贮藏、易被污染，生产过程、运输过程、加工过程条件要求高。

第五，奶牛个体成本巨大，生产周期长，饲养寿命长等特点，也对牛体自身的健康保健和疫病净化构成了一定困难。

由此可见，牛奶是一个特殊产品，奶牛养殖属于一个特殊行业，牛奶公共卫生安全在动物性食品安全中位居第一，做好奶牛健康养殖工作的重要性更为突出、更为迫切。乳品质量安全是乳业健康发展的核心，奶源安全是乳品安全的关键，牛体健康是生鲜乳优质、安全的前提和保障，健康的牛才能产出健康的奶。我们给奶牛健康，奶牛还人类健康。

第二节

“养、防、治一体化”奶牛疾病防控理念

理念支配行动，任何先进技术的接受和应用都是在相应认知水平和理念的推动下来完成的。在现代化奶牛养殖过程中，要做好奶牛疾病防治工作，促进奶牛健康养殖可持续健康发展，就必须用科学的理念来充实自己的头脑，在奶牛疾病防控上就必须树立“养、防、治一体化”理念。

疾病对奶牛养殖所造成的危害最为直观，不少人对此都有过切身之痛，疾病不仅会使奶牛的生产性能受到严重影响，还会危及到奶牛的生命安全，甚至会对奶牛场造成毁灭性打击。因此，做好奶牛健康保健工作是实现健康养殖、生产绿色牛奶、有机牛奶，实现经营目标，防止环境污染的核心工作之一。在奶牛疾病防治工作中，大多数人更多地将目光盯在了具体的防疫和治疗上，疏忽了养的重要性，没有很好地树立起“养、防、治一体化”理念，甚至将二者割裂开来看待。从而导致奶牛健康状况难以更好提升，生产性能难以得到充分发挥，牛场发病率较高，饲养日药费较高等问题。

一、“养”是基础

1. 良好的饲养是培植奶牛免疫力的前提和保障

任何疾病的发生都是有原因的，没有原因的疾病是不存在的。奶牛是否会患病决定于两个方面，一是致病因素的致病力强弱，二是自身的免疫力水平高低，这二者的力量对比是否变化是奶牛是否患病的决定性因素；在同等致病因素作用下，机体的免疫力高则发病率低，机体免疫力低则发病率高。牛作为一个有机整体，全身的免疫水平会表现在局部器官上，从而导致乳腺、生殖器官、蹄等部位的免疫力下降而发病。

机体免疫力的高低或正常与否，与饲养有着十分密切的关系。要让机体维持较高的免疫水平，对致病因素有较高的抵抗力，就必须给机体

提供充足、搭配合理的营养物质，让机体细胞保持正常的生理代谢功能。例如，日粮中蛋白质水平低下，就会导致抗体生成障碍、免疫球蛋白合成不足；饲料中碳水化合物不足就会导致细胞生理功能下降；饲料中维生素A缺乏就会影响细胞的分泌和体液调节功能；饲料中铜离子缺乏就会影响机体的免疫水平和细胞的体液调节功能。相反，日粮中蛋白水平过高又会导致奶牛酮病、痛风等病的发生；干奶牛日粮中钙离子过高又会促进产后瘫痪的发生。所以，丰富而搭配合理的日粮是培植奶牛免疫力的前提和保障；让机体维持较高的免疫力，对致病因素有较强的抵抗力，是防止疾病或减少疾病发生的关键所在。

长期以来，在落后的饲养观念和经济条件限制下，奶农难以走出有啥喂啥、低投入低产出的饲养误区，奶牛产奶量提升较慢，牛奶质量难以保证，奶牛发病率较高。严重限制了奶牛养殖效益的快速提高。

2. 有许多牛病是养出来的

奶牛已经从自然的野生物种变成了人类谋取经济利益的机器，他们不再是自食其力、自由选食，舍饲使奶牛的采食完全变成了人的生产活动，奶牛的食谱受到饲养者经济实力、当地饲料资源、日粮配制技术、管理水平等因素的限制，饲养者给牛提供什么，牛只能吃什么。舍饲使牛的生长、发育、发情、配种、妊娠、分娩、泌乳等过程完全处在人为掌控之中，牛群的健康与高产很大程度上是由人来决定的。喂的好，奶牛就高产，奶牛就健康；喂的不好，奶就低产，奶牛就发病。由此可见，人喂牛，牛吃草，人造病，牛得病；奶牛的病是喂出来的、是养出来的。

养牛应该重点养什么呢？养鱼先养水，养牛先养胃。奶牛所吃的东西主要是在瘤胃中消化的，所以，我们在日粮配制时一定要充分考虑瘤胃的生理功能和内环镜理化特性，让瘤胃保持健康的功能才能充分发挥饲料的利用率，才能充分保证牛体健康。从养着手来防控疾病，是对疾病防治理念的一个科学延伸，良好的饲养是预防牛病发生的一种基础性工作。

二、“防”是重点

在提高养牛业生产效率的任何计划中，牛群保健预防工作具有十分重要意义。“预防为主”是动物防疫工作的基本方针。《中华人民共和国动物防疫法》第五条规定：“国家对动物疫病实行预防为主的方针。”这一基本方针不仅适用于传染病，也适用于一般内、外、产科和代谢病，防是疾病防治工作中的重点。

1. 现代兽医工作者必须学习掌握预防兽医学的基本内容

现代兽医学按其研究的范畴可划分为基础兽医学、临床兽医学和预防兽医学三大部分。现代兽医工作者必须掌握基础兽医学的基本知识和临床兽医学的基本技能，但又不能仅仅是1名临床兽医师，只注重于单个动物疾病的治疗，还应该是1名预防医学技术应用方面的优秀工作者。必须学习、应用预防兽医学的基本理论和方法，坚持“预防为主、防重于治”的原则。

对于牛场来说，提高牛群整体健康水平、防止外来疫病传入牛场，控制与净化群体中已有疫病，防止或减少一般性疾病发生，将疾病消灭在萌芽之前，才是保证牛场健康发展、最大限度实现经营效益的科学出路。事实证明，用于牛病预防的开支总低于治疗疾病所需要的开支。

2. 除传染病外，奶牛四大疾病是牛场疾病预防的主要内容

除传染病方面的预防工作之外，在奶牛场的疾病预防过程中，应该重点做好乳房、生殖器、肢蹄和代谢病四大方面的疾病预防工作。在奶牛四大疾病的预防保健工作中，要坚持“一个中心，四个基本点”，以养好瘤胃为中心，做好乳房、生殖器官、肢蹄和肝脏这4个方面的保健工作，从而达到有效预防奶牛四大疾病的目的。

三、“治疗”只是一种补救性措施

虽然治疗对于挽救个体病牛是至关重要的，但对于挽救整个牛场生产来说，预防则更为重要。治疗仅系补救性的措施，它是在各种各样的生产损失已经发生后才进行的工作。

在牛场疾病防控方面，千万不要将工作重点放在治疗上，这是一种极其短视的做法，也是一种治标不治本的做法，甚至会导致越治病越多的局面，最终会影响到奶牛养殖业健康可持续发展。

四、“养、防、治一体化”是有效防控奶牛疾病根本出路

在做好奶牛疾病防控和保障奶牛健康方面，“养、防、治”这3个方面关系密切，互相依赖，不能单纯地只重视防治，而忽视了良好的饲养管理在疾病防治上的重要作用，应该将奶牛养、防、治一体化理念认真落实在奶牛养殖的每一个环节上，这样才能更好地保障奶牛健康，才可实现奶牛养殖业健康、高产、优质、可持续发展。

第三节 奶牛场的防疫检疫措施

一、奶牛场日常防疫措施

1. 生产区和生活区要严格分开

生产区门口要设消毒室和消毒池（图5–1），消毒室内应设紫外线灯，池内使用2%～4%氢氧化钠或0.2%～0.5%过氧乙酸等药物，药液必须保持有效浓度。冬天结冰时，池内应该铺撒一层厚度约为5 cm的石灰粉代替消毒液。

进入生产区的人员需要换工作服、鞋、帽，不准携带动物、生肉、自行车等。严格限制外来人员随便进入生产区。

2. 做好卫生清洁工作

通过清扫及时清理污物和粪尿，能减少周围环境中病原微生物数量，

图 5–1　牛场门口的消毒室和消毒池

从而减少了接触感染的危险性。病原微生物在环境中的分布是如此广泛，以至于我们无法根除这些疾病，但是，通过卫生清洁工作我们可以减少感染机会。

3. 定期消毒

消毒剂只有在直接接触病原微生物时才起作用，所以，它不能代替清扫去垢工作。犊牛舍每周应该消毒 1 ～ 2 次，产房每周应该消毒 1 ～ 2 次，夏天应该增加消毒次数，全场每年至少消毒 2 次（图 5–2）。

图 5–2　牛场圈舍消毒

4. 患传染病的病牛要及时隔离治疗

隔离能有效地控制疾病蔓延，减少健康个体感染病原微生物的机会。

淘汰牛群中的病牛，可以当作一种对健康牛的保护手段。虽然我们未把淘汰单独列作一种预防措施，但实质上，它属于一种隔离措施。例如，将一受葡萄球菌感染而招致乳房炎的乳牛淘汰掉，就是减少其他牛与病原接触机会的最好办法。

5. 注意疫情的防控

调入调出的牛，必须有法定单位的检疫证书，调入的牛要隔离观察14 ～ 45 天。发现病情，应立即上报有关部门，并采取相应隔离、封锁及综合防治措施。在最后 1 头病牛痊愈后两周内无新病例出现，并经全面大消毒和上报上级主管部门后方能解除相应措施。

二、奶牛群免疫接种技术

免疫接种是给动物接种免疫原（菌苗、疫苗、类毒素）或免疫血清（抗细菌、抗病毒、抗毒素），使机体自身产生或被动获得特异性免疫力，以预防和治疗传染病的一种手段。有组织有计划地进行免疫接种，是预防和控制动物传染病的一种重要措施。但对不同牛场及不同年龄阶段的牛群来说，免疫程序也不尽相同。结合牛场的具体情况、周边疫情等因素应该制定出适合本场情况的免疫程序，不可生搬硬套；适合于任何地方的万能免疫措施是不可能存在的。

根据各奶牛场的具体情况，也可有针对性地将犊牛腹泻、犊牛副伤寒、乳房炎、衣原体等病纳入免疫内容之中。

1. 炭疽病免疫接种技术

炭疽是由炭疽杆菌引起的一种人畜共患的急性、烈性传染病，以发病快、死亡率高为特点，对奶牛和人类危害巨大，必须定期进行预防注射。炭疽病发生后要及时向上级主管部门上报，发病地区要紧急接种炭疽疫苗。

奶牛场每年要对此病进行预防接种，每年春季（3 月）或秋季（10 月）用炭疽芽孢 2 号苗预防注射 1 次，不论大小，一律皮下注射 1 ml。7 ～ 14 天后产生免疫力，免疫保护期为 1 年。

2. 破伤风免疫接种技术

破伤风是由破伤风杆菌经伤口侵入而引起的一种急性、中毒性人畜共患传染病。此病叫做锁口风，以全身肌肉持续性强直性收缩、眼膜突出、四肢僵硬，兴奋性升高，死亡率高为特点。

破伤风多发地区应做破伤风免疫接种预防，破伤风菌苗是由纯化的破伤风毒素用福尔马林转化成类毒素后吸附于磷酸铝上制备而成的，称为破伤风类毒素疫苗，免疫保护期为 1 年（新研制的破伤风类毒素疫苗首免后的免疫力可持续 3 年），以后每年预防注射 1 次，幼畜皮下注射 0.5 ml，成牛皮下注射 1 ml，3 周后产生免疫力，可选择在每年的春季或秋季进行免疫注射。

3. 口蹄疫免疫接种技术

口蹄疫就是我们常说的 5 号病，本病是偶蹄兽的一种急性烈性传染病。本病的病原是一种冠状病毒，有 7 个血清型和许多（80 个以上）亚型。常见的 3 种血清型为 A、O、C，其他还有 SAT1、SAT2、SAT3 和亚洲 I 型。全球有多种疫苗用于免疫牛群。所有的疫苗都源于组织培养病毒，使用牛舌组织上皮细胞以及乳鼠的肾细胞。病毒使用甲醛或其他方法灭活，并加入佐剂。

每年春季、秋季各注射口蹄疫疫苗 1 次，受此病危胁地区可每年注射 3 ～ 4 次，接种疫苗后 7 ～ 21 天产生抗体。奶牛场周边地区发生本病时应该立即进行紧急接种预防。

犊牛在很小的时候就可以免疫接种（<3 月龄）。但是，犊牛如果来自免疫牛群，则需在 4 ～ 5 月龄时再免疫 1 次，若有可能在 6 月龄时还要再免疫 1 次，这主要是母源抗体影响的原因。

此疫苗通常为单价苗，例如，A 型、O 型和亚洲 I 型。理论上疫苗应与疾病暴发的病毒株或血清型同源。在许多情况下，疫苗应当针对分离出新病毒亚型的地区来生产。在许多不止一种血清型疾病暴发的国家会使用二价或三价的疫苗。现在也有活疫苗，但是很少使用，因为毒力缺失和免疫遗传缺失之间可以选择的安全范围很窄。

免疫程序需要根据当地具体情况来制定。某些国家成年牛群每年免疫 1 次，犊牛则每 6 个月免疫 1 次。而另一些国家和地区，如南非和沙特阿拉伯国家至少每 4 个月免疫 1 次。

如果在非疫源地暴发口蹄疫，可采取循环免疫的方式来防治疾病的传播，例如，2001 年荷兰的成功范例。免疫一次在 7 ～ 21 天可以产生免疫力，若使用高免疫苗，气溶胶免疫，在 4 天之内可以产生免疫力。这种免疫力持续的时间可能较短，但足可以控制疾病和采取进一步的措施（可以进行二次免疫或对圆形疫区内采取扑杀的措施）。

边境地区免疫可以防止疾病在国家间传播，如必要可在疫区和非疫区之间设立缓冲带。2001 年 1 月，欧盟建立了欧洲疫苗库来保存口蹄疫病毒抗原。最初在 3 个地区，目前为两个，保存 500 万份的 O 型 manisa 疫苗，这些疫苗足够用来紧急免疫。

4. 牛梭菌免疫接种技术

牛梭菌病也叫牛肠毒血症。由产气荚膜梭菌等引起，是引起成年牛和育成牛突然死亡的一种散发性疾病，个别地方呈地方性流行。该病的临床症状很少，多数当发现时已到濒死期或已经死亡。牛梭菌在临床上还有引起局部坏死的特殊情况。存在此病的牛场所应该进行相应的免疫预防。

一般来说，梭菌病疫苗是福尔马林灭活的细胞吸附于氢氧化铝上制备而成的类毒素疫苗。常用剂量为 2 ml，皮下注射，保护期为 6 个月。

5. 牛病毒性腹泻免疫接种技术

牛病毒性腹泻（BVD）病毒广泛分布于世界各地，牛病毒性腹泻在我国偶有发生。目前我国尚未生产出预防本病的疫苗，国外已生产出预防牛病毒性腹泻的灭活苗，具体的用法、剂量及生产商见表 5–1。

表 5-1　牛病毒性腹泻疫苗

名称	生产商	用法及剂量	免疫程序	免疫力维持时间
Bovidec Bovilis BVD（灭活苗）	英特威	皮下注射	两次免疫间隔3周，为保护胎儿可于产前3个月免疫，产前1周结束	免疫期14个月，推荐每年加强免疫1次
Rispoval 4（灭活苗）	辉瑞	肌肉注射	8月龄首免，4周后2次免疫；欲保护胎儿，至少应该在孕前4周首免	每年加强免疫1次

6. 牛副结核免疫接种技术

牛副结核又叫副结核性肠炎，是由副结核杆菌引起的一种慢性接触性传染病。

本病可用疫苗预防。常用的疫苗有两种：一种是用活副结核分枝杆菌制成的油佐剂苗，另一种是 Sigurdsson 灭活苗。该疫苗能干扰结核菌素的检测，可使检测反应呈阳性，在副结核皮试中可见明显的假阳性。

此疫苗在犊牛 1 月龄内接种，采用皮下注射，多选用颈下的垂肉部位，剂量为 1 头份。

7. 牛传染性鼻气管炎免疫接种技术

牛传染性鼻气管炎（IBR）的病原为Ⅰ型牛疱疹病毒，本病对世界范围内的奶牛生产造成了严重的经济损失。牛传染性鼻气管炎疫苗已经在实践中应用了多年，各年龄阶段的牛都适用，但不能保护处于潜伏期的牛，免疫接种后牛可保持血清阳性。当要进行检疫检测时要考虑接种此疫苗的可行性。具体的用法、剂量及生产商见表 5-2。

表 5-2　牛传染性鼻气管炎疫苗

名称	生产商	用法及剂量	免疫程序	免疫力维持时间
Bayovac IBR-标记活苗	拜尔	鼻内接种	从2周龄开始首免的犊牛，首免后3～5周第2次接种（一剂鼻内接种，一剂肌肉注射）	每6个月加免疫1次

（续表）

名称	生产商	用法及剂量	免疫程序	免疫力维持时间
Bovilis IBR-标记灭活苗	英特威	鼻内接种或肌肉注射	犊牛从4周龄开始免疫，12周龄时第2次接种，或12周龄时接种1次；特殊情况可自1周龄76时免疫接种	每年加强免疫1次

三、奶牛群检疫技术

防疫是奶牛场全年一刻也不能放松的工作，树立全年防疫意识对保护奶牛生产来说至关重要。检疫是牛场防疫内容的一部分，检疫一般在每年的春秋二季完成，通过检疫可以了解牛群是否感染了某种特定传染病及感染程度，也可以为净化特定传染病提供诊断依据。牛场检疫主要针对那些对奶牛生产危害严重的传染病和人畜共患传染病。

1. 牛布鲁氏杆菌病检疫技术

此病是由布鲁氏杆菌引起的一种人畜共患病（简称牛布病），以流产、慢性子宫内膜炎、不孕、胎衣不下、关节炎和公畜睾丸肿大为临床特征。

布氏杆菌病的检疫、检测工作由兽医站或各地的兽医主管单位来完成，每年春季和秋季各采血化验1次。布病阳性奶牛一律进行深埋或焚烧，目前不允许（或不提倡）用疫苗预防此病。

牛布病检疫方法如下。

（1）试管凝集反应

此诊断法是我国现行的法定诊断方法，牛的判定标准为凝集价大于1∶100以上为阳性，布氏杆菌病在慢性期的阳性检出率较低。可疑反应者在10～25小时重复检查1次。此诊断方法适合于实验室操作。

（2）虎红平板凝集试验

取被检血清0.03 ml，加抗原0.03 ml，混合，4分钟内观察反应结果。

凝集者为阳性，不发生凝集者为阴性。此方法较为简单，可作为阳性牛的初步筛选方法，对初检阳性牛最后再进行试管凝集合反应确定。

（3）奶牛布病快速诊断试纸条

这是我国最新研发的新型快速诊断方法，也叫胶体金法快速诊断试纸，此方法简单、快速、特异性高，与试管凝集试验的符合率高达97.6%以上。牛场防疫员可用该诊断方法进行牛群布病的随时初检。具体操作方法如下。

取生理盐水3.9 ml，向其中加入待检牛血清0.1 ml。取出奶牛布病快速诊断试纸条，将箭头端浸入其中，浸入深度不可超过试纸条上所画的标记线，当看到水印向上扩延时，将试纸条取出进行观察。3～5分钟内，如果试纸条中间的白色反应区内出现两条红色反应线，则说明此待检牛为布氏杆菌病阳性，反之为阴性。

2. 牛结核病检疫技术

此病是由结核杆菌引起的一种人畜共患传染病，以肺、乳房等处形成结核结节为特征。

每年春季和秋季进行两次结核检疫、检出的阳性牛在两天内送隔离场或者屠宰，可疑反应的牛进行隔离复检。此病检测由兽医站或各地的兽医主管单位或牛场兽医来完成，牛场兽医必须深刻理解、准确掌握牛结核病的检疫方法。牛结核检疫的方法如下。

（1）注射部位

牛的颈中上部是本病检疫的注射部位，3月龄以内的犊牛可选择肩胛部。注射部位先剪毛或剃毛，剪毛或剃毛面积一般为直径10 cm大小，具体部位见图5-3。

图5-3　奶牛结核检疫注射部位（示意图）

（2）测皮厚

剪毛或剃毛后用游标卡

尺测量皮厚，并做好记录。

（3）注射结核菌素

不论大小，用酒精棉球对注射部位进行擦拭后，一律皮下注射 10 000 IU 牛提纯结核菌素（PPD），一般将其稀释成每毫升 100 000 IU 溶液，皮内注射 0.1 ml。皮内注射后 72 小时再用游标卡尺测量皮厚，并观察结果。

（4）结果判定

①注射部位出现明显的红肿判定为阳性（+）；②注射部位两次皮厚差大于 4 mm 者判定为阳性（+），进口牛皮差大于 2 mm 者判定为阳性（+）；③皮厚差在 2.1 ～ 3.9 mm 间者判定为可疑；④无炎症反应，皮厚差在 2 mm 及 2 mm 以下者判定为阴性（-）；⑤凡判定为可疑反应的牛，在第一次检疫 30 天后进行复检，其结果仍然为可疑的则判定为阳性。

（5）注意事项

注射提纯结核菌素前后的两次皮厚测量工作应该由同一人操作完成，这样可以减少操作误差。

对结核阳性牛一定要果断地按照相关规定处理，千万不可姑息。

注射剂量要足够，严禁打空针。

3. 牛副结核检疫技术

牛副结核又叫副结核性肠炎，是由副结核杆菌引起的一种慢性接触性传染病。其特征是长期顽固性腹泻和进行性消瘦，肠黏膜增厚并形成皱褶。

此病在一些正规化牛场已经将其纳入每年的例行检疫之中，检疫方法与结核相似。

4. 牛场检疫注意事项

牛场根据自己的情况应将病毒性腹泻—黏膜病、传染性鼻气管炎病、白血病逐步列入每年的常规检疫中，检出牛按有关规定处理。

疫苗接种预防要坚持“一严、二准、一不漏”，即严格执行预防接种制度；接种疫苗剂量要严格、部位要准确；一头不漏。

每年春秋检疫结束后，应立即对牛舍内外及用具等进行一次大消毒。

做好奶牛的防疫、检疫工作不但对保护牛体健康、提高经济效益有重要意义，而且对保护人类自身健康也有重要的意义。这是由牛奶生产加工的特殊性所决定的。奶牛的主要产品是奶，牛奶不耐高温，牛奶的消毒过程时间短、温度低；奶牛饲养过程中人和牛直接接触时间长，这就大大增加了牛、人共患病相互传染的机会，牛的布病、结核等病对人类有巨大的危害。

第四节　奶牛场寄生虫病防控技术

奶牛寄生虫病危害奶牛和人类健康，给奶牛生产造成了严重的经济损失，防治寄生虫病是关系人畜健康和提高奶牛经济效益的一项重要工作。在奶牛生产过程中，各奶牛场的驱虫计划（驱虫时间、驱虫方式、所用药物等）各不相同，一些正规化奶牛场甚至不进行定期驱虫，这种现象给奶牛寄生虫病防控工作带来了不少疑问，使人们对奶牛场寄生虫病防控缺乏清晰的原则和技术思路。

一、奶牛场确立定期驱虫计划的基本原则

不必要的药费投入和管理成本支出，不仅会导致奶牛生产成本增加，也会对奶牛的产奶性能造成不同程度的影响，甚至会影响到牛奶的质量指标。

奶牛群是否进行定期驱虫，决定于奶牛体内外是否存在寄生虫感染。如果牛体存在寄生虫感染的问题，当然要及时驱除，否则就会影响奶牛生产性能，甚至会导致奶牛死亡；如果牛体无寄生虫感染，当然就不存在定期驱虫的问题。由此可见，驱虫的前提条件是确定奶牛是否感染了寄生虫，为了确定牛体是否感染寄生虫，奶牛场就必须进行牛群寄生虫

监测工作。

二、奶牛场寄生虫监测方法

对于奶牛生产单位来说，寄生虫监测可以借助化验手段来完成，也可以通过牛场兽医的临床观测来完成。有现代化的化验条件当然更好，但我们也不能因为没有相应的化验条件而放弃奶牛场寄生虫的监测工作。寄生虫相对于细菌来说，体积较大，有不少寄生虫的虫体或节片依靠肉眼就可以观察到，例如，牛绦虫（图 5–4），这一特点为牛场兽医进行寄生虫监测创造了条件。我们可以根据奶牛场的具体条件选择相应的监则方法，每年可进行 2 ～ 4 次定期虫体检查。

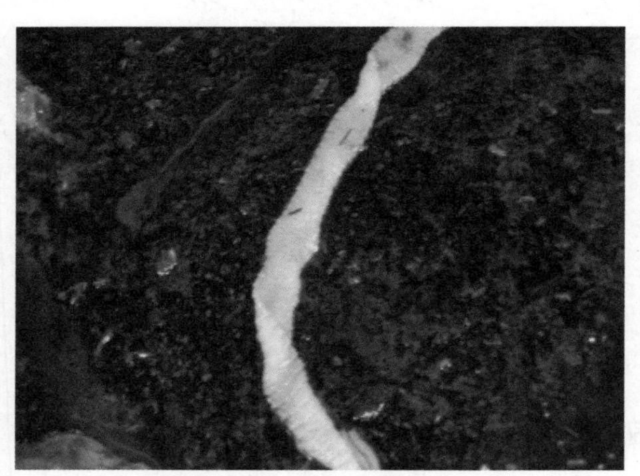

图 5–4　牛绦虫

1. 虫体检查法

在消化道内寄生的绦虫常以含卵节片整节排出体外，一些蠕虫的完整虫体也可因寿命等原因而排出体外。粪便中的节片和虫体，其中，较大者很易发现，对于较小的，应先将粪便收集体于盆内，加入 5 ～ 10 倍的清水，搅拌均匀，静置待自然沉淀，然后将上层液倾去。重新加入清水，搅拌沉淀，反复操作，直到上层液体清亮为止。最后将上层液倾去，取沉渣置较大玻璃器皿内，先后在白色背景和黑色背景上，用肉眼或借助放大镜寻找虫体，发现虫体后用毛笔挑出进行进一步检查。

2. 虫卵检查法

（1）沉淀法

取粪便 5 g，加清水 100 ml 以上，搅匀，通过 40 ～ 60 目铜筛过滤，滤液收集于三角瓶或烧杯中，静置沉淀 20 ～ 40 分钟，倾去上层液，保留沉渣，再加水混匀，再沉淀，如此反复操作，直到上层液体清亮后，吸取沉渣在显微镜下进行检查。此法适合于线虫卵的检查。

（2）漂浮法

取粪便 10 g，加饱和食盐水 10 ml，混合，通过 60 目铜筛，过滤液收集于烧杯中，静置半小时，则虫卵上浮；用 1 个直径 5 ～ 10 mm 的铁丝圈，与液面平行接触以沾取表面液膜，抖落于载玻片上在显微镜下检查。

（3）从平时的临床病例中收集牛群寄生虫信息

兽医可以通过牛群平时的发病情况，对牛群是否存在寄生虫感染，以及寄生虫的种类做出临床判断。由此可见，在牛场兽医日常工作中，通过临床病例收集牛群寄生虫感染信息，对牛群进行寄生虫检测是牛场兽医的本职工作之一。

（4）从平时的病理解剖或屠宰过程中收集牛群寄生虫信息

对淘汰牛进行屠宰或进行病理剖检时，兽医应该对牛的肝脏、胆囊、真胃内容物、肠内容物、气管、食道等进行细致的检查（捻转血毛线虫、蛔虫、绦虫、肝片吸虫、华枝睾吸虫等均能通过肉眼观察发现），通过剖检过程中对体内外寄生虫的检查，确定牛群是否有寄生虫感染及相应的种类。

三、驱虫药选定原则

牛体内的寄生虫存在着种类差异（吸虫、绦虫、蠕虫等）、阶段差异（卵、蚴虫、成虫），不同种类和不同阶段的寄生虫对驱虫药的敏感性也存在着较大差异常，所以，选用的驱虫药必须与寄生虫的相应种类和所处阶段相对应。

针对消化道线虫、绦虫、吸虫进行驱虫时，建议参考选用如下的药物及用量。

1. 消化道线虫

左咪唑：剂量 4 ～ 5 mg/kg 体重，一次皮下或肌内注射，或 6 mg/kg 体重一次口服。

噻苯咪唑：剂量 70 ～ 110 mg/kg 体重，配成 10% 水悬液，一次灌服。

丙硫苯咪唑剂量 5 ～ 10 mg/kg 体重，拌入饲料中一次喂服或配成 10% 水悬液，一次灌服。

1% 害获灭注射剂：剂量 0.02 ml/kg 体重，一次皮下注射。

2. 绦虫

可选用丙硫咪唑、吡喹酮，不宜选用害获灭（用量同上）。

3. 吸虫

三氯苯唑（肝蛭净）：剂量为 10 ～ 12 mg/kg 体重，一次口服。本药对成虫和若虫均有杀灭作用。

硝氯酚粉：剂量为 3 ～ 4 mg/kg 体重，一次口服；针剂剂量为 0.5 ～ 1.0 mg/kg 体重，深部肌内注射。

四、驱虫时间确定原则

驱虫是一种治疗措施，也是一种积极的预防措施，驱虫应该在采取一定卫生条件措施的情况下进行，因为驱虫药很难杀死蠕虫子宫中或已经排入消化道或呼吸道的虫卵，驱虫后含有崩解虫体的排泄物的随意散布会对环境造成严重污染。

对于规模化奶牛场来说，由于牛场占地条件受到严重限制，驱虫时很难提供专门的场地或隔离条件，驱虫一般是在奶牛平时生活的圈舍中进行的。在这种现状下，选择合适的驱虫时间就显得尤为重要，选择虫卵或幼体不易存活、发育的季节或外部条件，减少排到体外的虫卵或虫体对环境的污染及再感染其他个体是我们确定驱虫时间的基本原则。

选择合适的驱虫时间或季节，需依据寄生虫的生活史和流行病学特点及药物的性能等因素而定。对于大多数蠕虫来说，在秋冬季驱虫较好。

秋冬季不适于虫卵和幼虫的发育，大多数寄生虫的卵和幼虫在冬天是不能发育的，所以秋冬季驱虫可以大大减少寄生虫对环境的污染。另外，秋冬季也可减少寄生虫借助蚊蝇昆虫进行传播。

对肝片吸虫来说，肝片吸虫从食入囊蚴到虫体成熟开始排卵，约需3个月，其感染的高峰季节是在7—9月，因此就不能在7—9月进行驱虫。可以选在10—11月进行首次驱虫，翌年1—2月再驱虫1次。

近年来，驱虫药的研制有了很大进展，出现了一些能够杀死某些蠕虫的移行幼虫的药物，如硝氯酚可以杀死4周龄以上的肝片吸虫幼虫，苯硫咪唑可以杀死在组织和血管内移行的一些线虫的幼虫。如能掌握蠕虫精确的流行病学资料，将相应的药物应用于成熟前驱虫，就能取得更加显著的防治效果。

第五节　奶牛主要疾病防控技术

一、牛布鲁氏杆菌病

牛布鲁氏杆菌病是由布鲁氏杆菌引起的牛的一种传染病。主要侵害生殖系统，以母牛发生流产和不孕，公牛发生睾丸炎、附睾炎、前列腺炎、精囊炎和不孕为特征，引起流产是该病的一个特异性临床表现。本病广泛分布在世界各地，引起不同程度的流行。近年来，此病在我国的防控压力明显增大。

因各种布鲁氏杆菌对其相应种类的动物具有极高的致病性，并对其他种类的动物也有一定的致病力，致使本病能广泛流行。人布鲁氏杆菌病主要是由患布鲁氏杆菌病的牛、羊和猪经皮肤、黏膜、消化道传播而来。病原菌对人有很高的致病性，临床急性期主要表现为长期发热，盗汗，无力，关节、头和全身疼痛，睾丸炎、肝脾肿大等；慢性期主要表现为骨关节病及类似神经官能症，病程较长，容易复发。因此，加强对本病的监测和控制，对保证人、畜健康及公共卫生安全具有重要意义。

1. 病原

牛布鲁氏杆菌病的病原为布鲁氏杆菌属的牛种布鲁氏杆菌。布鲁氏杆菌属包括6个生物种，19个生物型，即牛种布鲁氏杆菌1～9型，羊种布鲁氏杆菌1～3型，猪种布鲁氏杆菌1～5型，绵羊传染性附睾炎种布氏菌，犬种布鲁氏杆菌和沙林鼠种布鲁氏杆菌。牛种布鲁氏杆菌也称流产布鲁氏杆菌，不同种别的布鲁氏杆菌虽各有其主要宿主动物，但存在相当普遍的宿主转移现象。流产布鲁氏杆菌有9个型，以生物型Ⅰ为流行优势种，该菌革兰氏染色为阴性。

2. 流行情况

牛布鲁氏杆菌病广泛分布于世界各地，目前疫情仍较严重。凡是养牛的地区都有不同程度的感染和流行，特别是饲养管理不良、防疫制度不健全的牛场，感染更为严重。患病牛是主要传染源。流产胎儿、胎衣、羊水及流产母牛的乳汁、阴道分泌物、血液、粪便、脏器及公牛的精液，皆含有大量病菌，病菌排出体外，污染草场、畜舍、饮水和饲料，造成本病扩散和传播。本病传播途径较多，当病菌污染了饲料、饮水或乳及乳制品时，若消毒不彻底，牛食入了这些污染物后，经消化道感染；患病公牛与母牛交配，或因精液中含有病菌，通过人工授精经生殖道感染；病菌通过鼻腔、咽、结膜，乳管上皮及擦伤的皮肤等，经呼吸道和皮肤黏膜感染。日粮不平衡，营养不良，卫生条件差，消毒差等皆可造成机体抵抗力的降低，增强机体的易感性。兽医人员在助产时、配种员在输精时消毒不严，可直接将本病扩散。

3. 临床症状

潜伏期2周到6个月，患牛多为隐性感染，主要症状是怀孕母牛流产。流产多发生于妊娠5～8个月，流产后常伴有胎衣滞留，往往伴发子宫内膜炎。流产胎儿可能是死胎、弱犊。产犊后母牛因胎衣不下、子宫内膜炎，甚至子宫积脓致使配种不易受孕成为不孕症。公牛睾丸受侵害，引起睾丸炎和附睾炎，精子生成障碍。

有时病牛发生关节炎、淋巴结炎和滑液囊炎，关节肿痛，跛行或卧地不起，腕关节、跗关节及膝关节均可发生炎症。母牛还有乳房炎的轻微症状。

4. 病理变化

肉眼病变见于胎盘、乳房、睾丸及流产儿等。

胎膜：水肿，呈胶样浸润。色呈淡粉色，质脆，外附有多量纤维素絮状物。绒毛膜充血、出血，绒毛膜外有黄色、灰黄色絮状物，子叶呈肉色，肥厚糜烂。母子胎盘间有呈污灰色分泌物，部分母子胎盘粘连。

胎儿：流产胎儿一般可见皮下肌肉、结缔组织发生血样浆液性浸润，发育不全，全身肿胀，体表有血斑（图 5–5）。真胃中有淡黄色或白色黏液絮状物，肠胃和膀胱的浆膜下可能有点状和线状出血。胸腹腔有多量微红色积液，肝、脾和淋巴结有不同程度的肿胀，并有散在性炎症坏死灶。胎儿和新生犊牛可能见到肺炎病灶。

乳房：乳房切面有黄色小结节，实质、间质细胞浸润、增生。

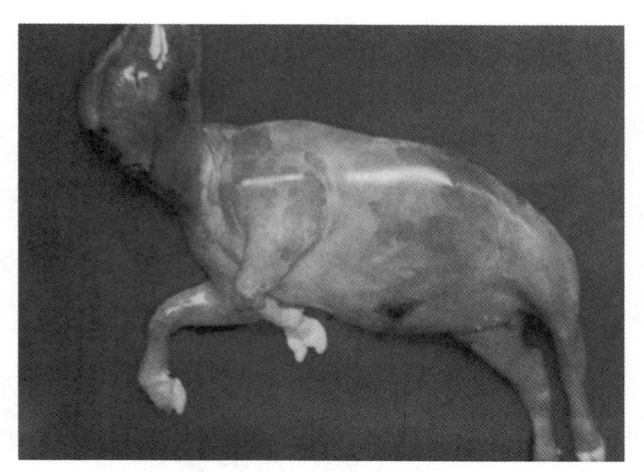

图 5–5　患病牛产出发育不全、全身肿胀、有出血斑的胎儿

（资料来源：肖定汉，《奶牛病学》，2002）

5. 诊断

牛布鲁氏杆菌病的发生可根据牛群的流产情况和病牛的临床症状来判定。如果牛群中有大批孕牛流产，流产后有胎衣滞留；并出现关节炎等症状，流产胎儿和胎盘又有本病所特有的典型病理剖检变化时，应怀疑本病发生。如果原牛群流产罕见，只是由外来引进新牛之后不久才发生大批流产，也应怀疑本病。但单凭流产来判定牛群牛布鲁氏杆菌病的发生是不可靠的，还需作病原学检查和血清学检查才能最后确诊。

6. 防控及扑灭措施

加强饲养管理，坚持自繁自养，严格执行畜群全面检疫及淘汰病畜的措施，可以有效降低本病的发生。预防措施包括以下环节：定期检疫与及时隔离病畜；加强防疫消毒制度，消除病原菌的侵入和感染机会；培育健康犊牛。

（1）对健康牛群要加强饲养管理

根据不同生理阶段的营养需要，合理供应饲料，要注意供应矿物质、维生素饲料；搞好环境和牛棚的卫生，给牛提供良好的生活环境，提高奶牛的抵抗力。

（2）对临床流产母牛应隔离饲养

及时查清流产原因。取流产胎儿真胃内容物作细菌分离鉴定。应从牛群中挑出阳性可疑者。

（3）每年定期检查 2 次

阳性牛应及时隔离、扑杀，并进行全场大消毒。

此病无治疗价值，而且对公共卫生危害巨大。对奶牛来说，目前不提倡使用疫苗进行预防，净化、消灭是本病的防控目标。

二、奶牛结核病

结核病是由结核分枝杆属细菌引起的一种人畜共患慢性传染病。特征是病程缓慢、渐进性消瘦、咳嗽、衰竭，并在多种组织器官形成结核结节，继而结节中心干酪样坏死或钙化。

结核病曾广泛流行于世界各国，以奶牛业发达国家最为严重。由于各国政府都十分重视结核病的防治，一些国家已有效地控制或消灭了此病，但在有些国家和地区仍呈地区性散发和流行。我国结核病疫情压力较大。由于执行本病控制措施消耗大量的人力、物力，从而造成的经济损失是巨大的。国际权威杂志《Science》曾预测，结核病将是21世纪的科学热点。

1. 病原

本病的病原菌为结核杆菌（或称结核分枝杆菌），是分枝杆菌属的一群细菌。根据致病性，结核杆菌可分人型、牛型、鼠型、冷血动物型和非洲型分枝杆菌5型。人型菌是人类结核病的主要病原菌，亦可使猴、犬、猫、牛、马和羊等致病。牛型菌是牛、猪及其他动物的病原菌，亦能使人致病。人的痰中分离出的劣势抗酸菌，属于人型和牛型菌的中间型。

结核杆菌是直或微弯的细长杆菌，两端钝圆。牛分枝杆菌比人型短而粗，菌体着色不均匀，常呈颗粒状，革兰氏染色阳性。结核杆菌用苯胺类染色后，不易为酸性脱色剂脱色，故又称抗酸杆菌。

由于结核分枝杆菌细胞壁中含丰富的蜡脂类，因此，对外界环境的抵抗力较强，在室内阴暗潮湿处能存活半年。特别是对干燥、腐败耐受性强。在干燥的痰中可存活10个月，粪便、土壤中存活6～7个月，常水中可存活5个月，奶中可存活90天，在直射阳光下2小时仍可存活。对湿热抵抗力弱，60～70℃经10～15分钟，80℃水中可存活5分钟，煮沸1分钟即可杀死。在70%的乙醇溶液、10%漂白粉溶液中很快死亡。碘化物消毒效果最佳，但对无机酸、有机酸、碱类和季胺盐类等具有抵抗力。

本菌对磺胺药、青霉素和其他广谱抗生素均不敏感，但对异烟肼、链霉素及对氨基水杨酸等药物有不同程度的敏感性。白芨、百部、黄芩等中草药对结核分枝杆菌有一定程度的抑菌作用。

2. 流行情况

有关资料报道，约50种哺乳动物、25种禽类可患本病。家畜中牛最易感，特别是奶牛，其次是黄牛、牦牛、水牛，猪和家禽亦可患病，羊和单蹄兽极少发病。犬、猫、家兔和豚鼠等均有不同程度的易感性。不同年龄对结核病的免疫力是不同的。不同型分枝杆菌有不同的宿主范围。牛型菌主要侵害牛，亦可感染人、绵羊、山羊、猪及犬。

尤其是开放型的病畜是主要的传染源。通过其排泄物或分泌物都可排出细菌，使本病得以传播。主要由呼吸道和消化道传播，也可通过交配感染，并以呼吸道传播为主。细菌随咳嗽、喷嚏排出，飞沫悬浮在空气中，动物吸入后即可感染。饲草、饲料、饮水或乳汁被污染后通过消化道感染也是一个重要的途径，犊牛的感染主要是吮吸带菌奶而引起。

本病无季节流行性，一年四季均可发生。在规模化奶牛场主要以区域性流行为主，经过多年的防控努力，此病在规模化奶牛场已经得到了较好的控制。饲养管理不良，与牛结核病的传染有密切关系，特别是牛舍过于拥挤，通风不良，潮湿，光线不好是造成本病扩散的重要因素。检疫不严格、盲目接种，检出的结核阳性牛不能及时处理，未能从根本上消灭传染源，以及人畜间相互感染等是造成牛结核病时有发生和流行的主要原因。

3. 临床症状

潜伏期长短不一，短者一般为十几天，长者可达数月，甚至数年。通常取慢性经过，病初症状不明显，当病程逐渐延长，饲养管理粗放，营养不良，则症状逐渐显露。

牛结核病主要由牛型结核杆菌引起，人型菌对牛的毒力较弱，多引起局限性病灶。牛结核病常表现为肺结核、淋巴结核、乳房结核，有时可见肠结核、生殖器官结核、脑结核、浆膜结核及全身性结核。临诊症状随患病器官不同而异。

肺结核时病初食欲、反刍无明显变化，常发生短而干的咳嗽，随着病情的发展，逐渐消瘦、贫血。精神不振，食欲减少，被毛无光，咳嗽逐渐加重、频繁，由病初的短促干咳声，渐变为湿性痛咳，尤其是早晨、运动和饮水后特别明显。有时有淡黄色黏液性鼻涕，呼吸次数增加，严重时发生气喘。胸部听诊常有罗音和摩擦音，叩诊有浊音区、痛感和引发咳嗽。病情恶化时可见病牛体温升高（达40℃以上），呈弛张热或呈稽留热，呼吸更加困难，最后可因心力衰竭而死亡。

淋巴结核可见于结核病的各个病型，淋巴结肿大，无热痛，常见于肩前、股前、腹股沟、颌下、咽及颈淋巴结等。纵膈淋巴结肿大则可压迫食道，病牛有慢性胀肚症状。

乳房结核时乳房上淋巴结肿大，乳房有局限性或弥散性硬结，无热痛。产奶量逐渐下降，乳汁初期无明显变化，严重时乳汁常变得稀薄如水。由于肿块形成和乳腺萎缩，两侧乳房变得不对称，乳头变形位置异常，终至产乳停止。

肠道结核多见于犊牛，表现消化不良，食欲不振，顽固性下痢，粪中混有黏液和脓汁。迅速消瘦。

脑与脑膜发生结核病变常引起神经症状，如癫痫样发作或运动障碍等。

4. 病理变化

牛结核的肉眼病变最常见于肺、肺门淋巴结、纵膈淋巴结，其次为肠系膜淋巴结，表面或切面常有很多突起的白色或黄色结节，切开后有干酪样的坏死，有的有钙化现象，刀切时有砂砾感（图 5–6）。有的坏死

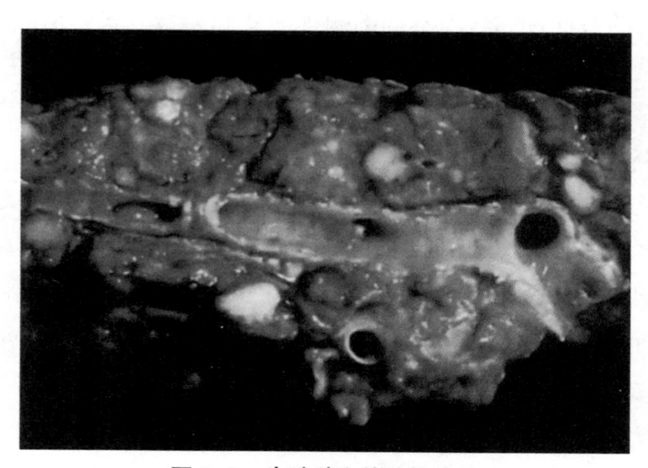

图 5–6　牛肺脏上的结核病灶

（资料来源：肖定汉，《奶牛病学》，2002）

组织溶解和软化，排出后形成空洞。胸腔或腹腔浆膜可发生密集的结核结节，这些结节质地坚硬，粟粒大至豌豆大，呈灰白色的半透明或不透明状，即所谓“珍珠病”。胃肠黏膜可能有大小不等的结核结节或溃疡。乳房结核多发生于进行性病例，是由血行蔓延到乳房而发生。切开乳房可见大小不等的病灶，内含干酪样物质。

结核病在病理形态上是一种具有特异性炎症变化的传染病。病变随各种动物机体的反应性而不同，可分为增生性和渗出性结核两种，有时在机体内两种病灶同时混合存在。抵抗力强时机体对结核杆菌的反应常以细胞增生为主，形成增生性结核结节，即由多层放射排列的类上皮细胞和巨细胞集结在结核杆菌周围形成特异性的肉芽肿，外周是一层密集的淋巴细胞和纤维细胞，从而形成非特异性的肉芽组织。抵抗力低时，机体的反应则以渗出性炎症为主，即组织呈非特异性炎症变化，有充血水肿，伴纤维蛋白渗出，继以中性粒细胞、大单核细胞、少量类上皮细胞和巨噬细胞的浸润。病灶周围亦有此变化，称为“结核灶边反应”。以及在增生和渗出反应的基础上，可出现变质反应。组织细胞混浊肿胀，细胞浆发生脂肪变性，细胞核溶解碎裂，直至组织完全坏死、干酪样坏死，为本病的特征性病变。本病的病理演变和愈合方式有消散、纤维化、液化与空洞形成、钙化、空洞闭合和净化空洞等。这种变化主要见于肺和淋巴结。

5. 诊断

准确及时诊断结核病，有效地控制传染源，对预防控制至关重要。根据流行病学、临床症状、病理变化可初步诊断，确诊仍需进行实验室诊断。

病原学诊断可采取患病动物的痰、尿、脑脊液、腹水、乳及其他分泌物等进行分离培养，或取患病动物的结核结节及病变与非病变交界处组织直接涂片。用萋—尼法作抗酸染色，镜检呈红色的细菌为抗酸菌，其他细菌为蓝色。

鉴别诊断虽然结核病灶可作为初步诊断依据，但有些疾病也可产生干酪化和钙化病灶，有时不易区别。最确切的诊断，还是分离出结核杆菌。因牛肺结核与牛肺疫、牛肠结核与牛副结核病、牛淋巴结核与牛白血病症状均有相似之处，应注意鉴别。

6. 防控及扑灭措施

对于奶牛场来说，结核病的防制工作应放在首位，主要是采取综合性的防制措施。该病的综合性防疫措施通常包括以下措施，即加强引进动物的检疫，防止引进带菌动物；净化污染群，培育健康动物群；加强饲养管理和环境消毒，增强动物的抗病能力、消灭环境中存在的病原体等。

坚持自繁自养，防止病牛从外地传入。如要引进，主要以引进冷冻精液为主，必要时可引进少量高产品种犊牛或青年牛进行培育。但凡从外地引进的奶牛，必须要有县级以上家畜检疫站出具的无奶牛结核病的健康检疫证，经隔离饲养 30 天，再行复检，无结核病的奶牛方可与健康牛群混群饲养。

每年用牛提纯结核菌素对牛群进行两次普检，淘汰阳性反应奶牛。本病一般不易根治，且疗程长，医疗费用高，存在感染人的危险性，因此，结核病牛无治疗价值，也不主张使用疫苗。

每年定期进行 2 ～ 4 次的环境彻底消毒。常用消毒药为 10%漂白粉、20%石灰乳、5%来苏尔、3%甲醛碱性液等。挤奶器和装奶容器，每天用热蒸汽消毒，纱布、毛巾等用品可煮沸消毒。粪便垛成堆进行生物学发酵消毒，液体部分用液态氨处理。

对饲管人员进行定期体检，对于患有结核病的职工必须调离工作岗位，以确保安全。一旦畜群发病，所有饲养人员必须进行临时体检。认真执行奶牛场消毒防疫制度，严禁互相串岗，闲杂人员不得随意出入牛场。检疫部门要督促奶牛场及时扑杀病牛，不留隐患，指导并监督消毒及防疫措施的实施。

三、牛口蹄疫

口蹄疫是由口蹄疫病毒引起的偶蹄兽的一种急性、热性、高度接触性传染病，其特征为传播速度快，成年动物的口腔黏膜和鼻、蹄、乳房等部位皮肤形成水疱和烂斑，幼年动物多因心肌受损而死亡率升高。本病是世界性的传染病，人和非偶蹄动物也可感染、但症状较轻。本病传播性较强，发病率几乎能达100%，往往造成广泛流行，引起巨大的经济损失，被国际兽疫局（OIE）列为A类家畜传染病之首。又因病毒具有多型和易突变的特性，使诊断和防治更加困难。

1. 病原

口蹄疫病毒属于小RNA病毒科，包括7个血清型和65个以上的亚型。口蹄疫病毒在实验室里、流行过程中及经过免疫的动物体均容易发生变异，故常有新的亚型出现。病毒颗粒近似圆形，口蹄疫病毒在病畜的水疱皮内及水疱液中含量最高。病毒对酸、碱、高温和紫外线很敏感，对干燥的抵抗力较强，在牛的皮革中最长的可存活352天。该病毒对酒精、乙醚、石炭酸、氯仿、吐温-80等有抵抗力，而对福尔马林、次氯酸和乳酸则缺乏抵抗力，2%氢氧化钠、2%醋酸或4%碳酸钠对该病毒的消毒作用也较好。

2. 流行情况

口蹄疫病毒可感染多种动物，自然发病的动物常限于偶蹄兽，奶牛、黄牛最为易感，其次为水牛、牦牛、猪，再次为绵羊、山羊及20多个科70多种的野生动物，如骆驼、驯鹿、羚羊、野猪等。新流行区内奶牛的发病率经常高达100%。

患病动物、持续感染和畜产品的移动是本病的最主要的传染源，约占疫源的70%～80%。一旦进入流通领域，可造成跳跃式、持续不断的发病，危害极大。牛感染后9小时至11天开始向外排毒，呼出气体、破裂水疱、唾液、乳汁、精液和粪尿等分泌物和排泄物中均带毒。病愈后动物在一定时间内可以携带病毒。通常病牛带毒时间可达4～6个月，但有时康复1年后仍然带毒而引起本病的传播。如机械附着在皮毛上的病毒仍可成为传染源，特别是在蹄部角质下面缝隙中包藏的病毒可长达数日，个别病例达8个月之久，屠宰后通过未经消毒处理的肉品、内脏、血、皮毛和废水可广泛的远距离传播本病。

本病可经同群动物间进行直接接触传播，但各种传播媒介的间接传播是最主要的传播方式。如经消化道感染，亦能经伤口甚至完整的黏膜和皮肤感染。空气也是一种重要的传播媒介，甚至能引起远距离的跳跃式传播。半数以上患病牛，康复后仍可通过刮取食道咽部分泌物分离到病毒。这些健康带毒者，带毒时间长短不一，水牛最长，5 年仍可查到病毒。所携带病毒可在个体间互相传播。

本病一年四季均可发生，没有明显的季节性。但气温和光照强度等自然条件对口蹄疫病毒的存活有直接影响，而且不同地区的自然条件、交通状况、生产活动和饲养管理等不尽相同，因此，在不同地区的流行还有一定的季节性差异。有的国家存在 3 ～ 5 年一小发，7 ～ 8 年一大发的流行规律。亚洲是口蹄疫的重灾区，亚洲发生的口蹄疫以 O 型为主，近年出现了亚洲 I 型。

3. 临床症状

口蹄疫临床症状以发热和口、蹄部出现水疱为共同特征。表现程度因动物种类、品种、免疫状态和病毒毒力不同而有所区别。幼畜常突然死于急性心力衰竭。

自然感染牛的潜伏期为 2 ～ 5 天，而人工感染一般为 1 ～ 2 天，但也有的报道潜伏期长达 2 ～ 3 周。病牛体温高达 40 ～ 41℃，幼畜尤为显著。病牛精神不振，食欲减退，产乳量突然下降。口腔黏膜潮红，几分钟后在唇内面、齿龈、舌面和颊部黏膜上出现水疱。首先出现直径 1 ～ 2 cm 的白色水疱，水疱迅速增大，并常融合成片，大的有鸡蛋大小，病畜大量流涎。水疱易于破溃，液体溢出，露出红色糜烂区，而后被新鲜上皮覆盖，在一定时间内仍可见到微黄至棕色瘢痕。蹄部水疱与口腔水疱同时发生，蹄冠、蹄底、指（趾）间隙皮肤均可见到水疱。水疱破裂后，形成痂块，8 ～ 14 天愈合。病牛疼痛，跛行，呆立或卧地不起。水疱痊愈后，瘢痕可保留数周。严重的病例，由于水疱延至蹄匣内，使真皮与角质分离，导致角质蹄匣脱落。乳牛发病时，乳头上出现鸽蛋大小的水疱，若发生乳房炎，产奶量下降 1/8 ～ 3/4，整个泌乳期都受到影响

（图 5–7）。犊牛的口蹄疫主要表现为心肌炎和胃肠炎，心率快、心悸亢进、口腔水疱和糜烂明显，但蹄部和皮肤水疱症状不明显。全身症状以高热、衰弱为主，常见下痢，视诊病犊精神尚好，但听诊心音亢进者常在 1 ～ 2 天内死于心肌炎。犊牛恶性型口蹄疫的死亡率高达 50%～ 70%。成年牛的症状较轻，多取良性经过，但怀孕母牛经常流产。若无继发细菌感染，致死率一般在 3%以下。

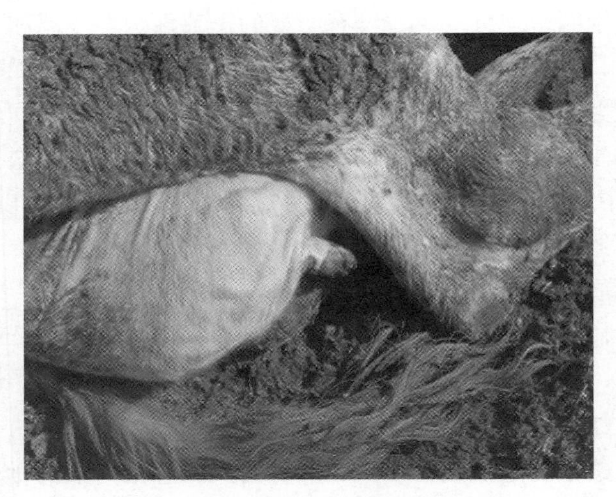

图 5–7　亚洲 I 型口蹄疫引起的乳头溃烂及卧地不起

4. 病理变化

病理剖检变化主要是上消化道和无毛部皮肤同时发生水疱，如唇内面、齿龈、齿垫、舌背、舌侧面、舌系带附近、颊部、鼻黏膜、鼻镜、食管黏膜、眼结膜、咽壁及支气管黏膜等，小到豆粒大，大到鸡蛋大，且因疱膜较厚而起伏不平。在瘤胃肉柱沿线常见水疱。蹄部常沿蹄冠缘和趾间皮肤发生小水疱并迅速扩大，大如榛实。乳牛的乳头皮肤经常发生水疱，有时可见于乳房的无毛皮肤。1 ～ 2 天水疱破裂，露出鲜红色糜烂斑（图 5–8，图 5–9）。口蹄疫常因继发细菌感染而使病情恶化，患部化脓坏死，可引起蜂窝织炎、败血症。蹄部水疱延伸入蹄匣下，使皮肤基部与角质分离，导致蹄匣脱落。恶性口蹄疫可引起成年牛和犊牛大量死亡，死因不是因为继发性细菌感染，而是由病毒本身引起心肌病变而致死。水疱居次要地位。主要病理变化见于心肌和骨骼肌，在成年牛骨骼肌比心肌变化明显；在犊牛则相反，心肌变化严重而骨骼肌变化轻微。心肌浑浊暗灰色，质地松软，常呈扩张状态，尤以右心室明显，在黄红色心肌内散在灰黄色或灰白色斑点或条纹状病灶。在心肌外膜和心内膜下，以及切面上均可见到上述病灶。主要散布在左心室壁和室中膈，状似虎皮斑纹，故通常称为“虎斑心”。

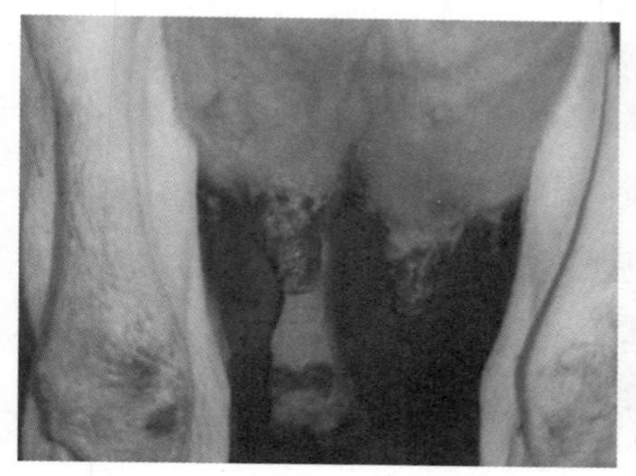

图 5-8　亚洲Ⅰ型口蹄疫引起的乳头病理变化

图 5-9　牛肺脏上的结核病灶

（资料来源：齐长明，《奶牛疾病学》，2006）

5. 诊断

主要根据流行病学、临床症状、病理变化可确诊。实验室诊断可进行病原分离、动物实验、血清学诊断等。

因能引起奶牛口腔、乳头上出现水疱的疾病较多，故应做好鉴别诊断，尤其要注意与水疱性口炎、牛痘、牛瘟的鉴别诊断。

6. 防控及扑灭措施

口蹄疫感染多种动物、高度接触性传染、病毒抗原的多型性和变异性，以及感染后或接种疫苗后免疫期短等特点，使得在实际工作中控制口蹄疫变得十分困难。

未发病场应严格执行防疫消毒措施、坚持进行疫苗接种，每年2～4次（兔化弱毒苗、鼠化弱毒苗、灭活苗、基因工程亚单位苗、合成肽疫苗、重组活疫苗、核酸疫苗等）。在做好消毒工作同时，应执行“以我为主”的方针。已经消过毒的车辆、器具，特别是奶牛场的运奶桶等，在奶站很容易被污染，进场时必须再消毒，杜绝一切病原体传入场内，是防疫工作的根本出发点。此外，疫苗防疫是有效的，也符合我国国情，但做好综合防治工作才是防制的万全之策。

当口蹄疫暴发时，必须立即上报疫情，确切诊断，划定疫点、疫区和受威胁区，并分别进行封锁和监督，禁止人、动物和物品的流动。在严格封锁的基础上扑杀患病动物，并对其进行无害化处理；对剩余的饲料、饮水、场地、患病动物污染的道路、圈舍、动物产品及其他物品进行全面严格的消毒。

对受威胁的牛只立刻进行紧急接种预防，并密切观察牛群情况。

当疫点内最后一头患病动物被扑杀后，3个月内不出现新病例时，上报上级机关批准，经终末彻底大消毒后，可以解除封锁。

四、奶牛乳房炎

奶牛也有头、蹄、尾，心、肝、肺，在这些器官中，与产奶关系最直接、最密切的器官就是乳房，奶牛场的效益直接来源于牛的乳房，可以说乳房就相当于“银行”，牛场的钱是从奶牛乳房中一把一把挤出来的。奶牛得了乳房炎不仅可导致奶牛产乳量下降、奶质下降、医疗费用增加，严重的还可危及病牛的生命安全，急性全身性乳房炎的死亡率高达10%。所以，乳房炎是限制奶牛场奶牛产奶量、影响奶牛场最大限度实现经营效益的一个主要因素。在奶牛“四大疾病”中，乳房炎位居第一。尽管每个奶牛场都把奶牛乳房炎的卫生保健列为日常管理的一个中心工作，但奶牛场的兽医仍然把1/4～1/3的时间用在了乳房炎的防治上。虽然治疗乳腺炎的药物在年年创新，防治乳腺炎的措施越来越科学细致，但乳房炎仍然是奶牛场令人头痛的一件事。

1. 病因

引起乳房炎的病因十分复杂，但概括起来可归纳为以下几个方面。

病原微生物感染：环境或体内的细菌、病毒、螺旋体、真菌（霉菌、酵母菌）等病原微生物通过乳头管、乳房外伤或血液进入乳房，使乳房受到了感染，而引进乳腺发炎。

饲养管理不当：牛体及环境卫生差、挤奶不严格遵守挤奶程序、洗乳房的水太脏、挤乳机不配套、乳房外伤。由于管理不细致、不到位，从而使乳房感染发炎、发生乳房炎。圈舍及运动场中的砖头、铁丝等异物也是引发乳房炎的一个潜在原因。

其他因素：饲料中毒、胃肠疾病、生殖系统疾病可引发乳房炎。

这就要求我们要合理搭配饲料，减少胃肠系统疾病的发生，对胎衣不下、子宫内膜炎等疾病要及时治疗，否则也会导致乳房炎的发生。

2. 临床症状

奶牛乳腺炎按其临床症状不同可分为 5 种类型。

（1）轻度临床型乳房炎

患病乳区病理变化较轻，触摸乳房时感觉不到异常或只有轻度疼痛、肿胀和发热，产奶量下降，奶变稀，颜色基本正常，奶中有絮片或凝乳块。这类乳房炎只要及时治疗便可痊愈，乳房不会遗留形态和机能障碍。

（2）重度临床型乳房炎

患病乳区急性肿胀，皮肤发红，触摸时可感觉到乳房发热、有硬块、疼痛、常拒绝检查。产奶量下降，乳呈淡灰色或灰白色，乳中有凝乳块，体温略高或正常，全身症状不明显。这类乳房炎如能及时有效治疗，也可较快痊愈，患病乳区不会遗留形态和机能异常（图 5–10、图 5–11）。

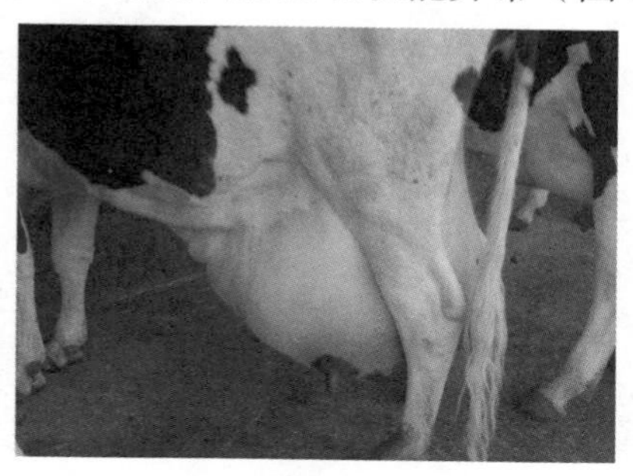

图 5–10 重度临床型乳房炎

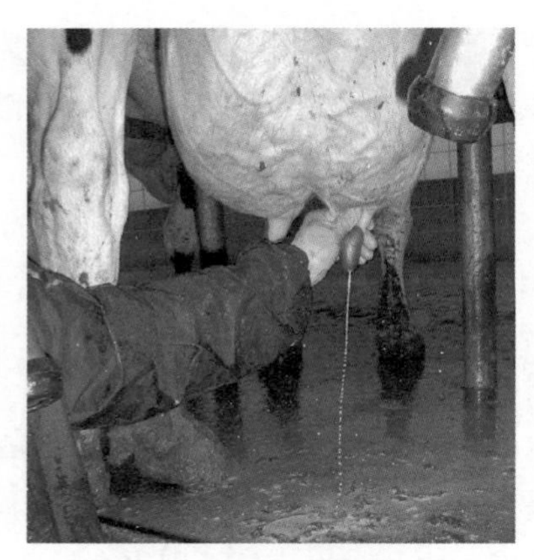

图 5-11　重度临床型乳房炎

（3）急性全身性乳房炎

常突然发生于两次挤奶之间，病情严重，发展迅速。患病乳区肿胀严重，乳头也随之肿胀，皮肤发红或发紫（个别甚至裂口）。触摸时感觉乳房发热、疼痛，整个患病乳区质地特别坚硬，挤不出奶，或仅能挤出一二把黄水或清汤。患病牛持续发烧（40.5～41.5℃），心率及呼吸增加、精神不振，食欲减少或不食，如不及时治疗可危及病牛生命安全，死亡率达 10% 以上。如患病牛伴有腹泻，治疗时要防止大肠杆菌毒素中毒。多数治愈后患病乳区会遗留形态和机能障碍（图 5-12）。

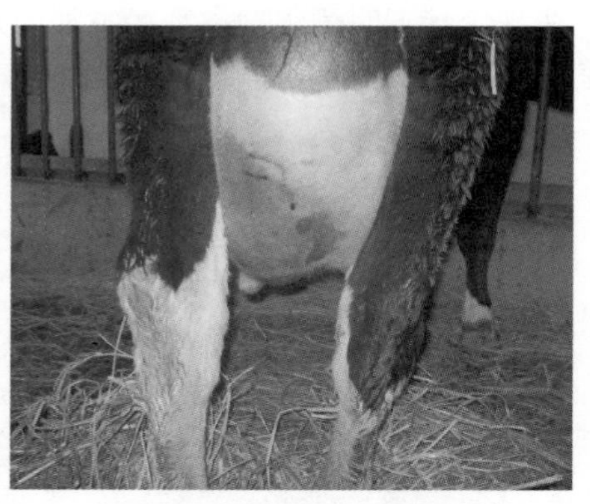

图 5-12　急性全身性乳房炎

（4）慢性乳房炎

多由急性乳房炎转化而来或由乳房持续感染引起。一般患病乳区临床症状不明显，也不表现全身症状，但产奶量下降，反复发作，可导致乳腺萎缩，这类乳房炎治疗价值不大，而且会成为牛群中的一种感染源，应该尽早淘汰。

（5）隐性乳房炎

隐性乳房炎肉眼看不出乳房和乳汁的异常变化，但患病牛产奶量减少，奶的品质下降，乳中细菌数、体细胞数增加（50 万个 /ml 以上），酸碱度及电导率也发生变化。隐性乳房炎是乳房炎中发病率最高的一种类型。

以上的 1 ～ 4 种乳房炎，合称临床型乳房炎，其发病率为 2% ～ 5%，而隐性乳房炎的发病率高达 20% ～ 70%，其发病率是临床型乳房炎的十几倍，隐性乳房炎所造成的损失最为巨大，其损失占每头每年产奶量的 10%。目前，个体养牛户大多还未充分认识到隐性乳腺炎的危害，仍然忙于临床型乳房炎的治疗。

3. 治疗

治疗乳房炎的方法众多，但总结归纳后我们会发现，治疗乳腺炎的基本原则有如下几种。

（1）抗生素治疗

用抗生素治疗乳腺炎是兽医临床上的一个传统治疗方法，因为引起乳腺炎的一个重要原因就是病原微生物进入乳腺组织，造成了乳腺组织的感染发炎。生产实践证明，抗生素对乳腺炎的治疗作用是确实有效的，但不是万能的。抗生素在不断更新，临床用量也在不断增大，临床常用的抗生素有青霉素、链霉素、四环素、氯霉素、卡拉霉素、新霉素、氨苄青霉素、先锋霉素、螺旋霉素；诺氟沙星、诺镁沙星、环丙沙星、蒽诺沙星、氧氟沙星、磺胺类等，但大家发现仍然有一部分乳腺炎病例难以得到控制。

进一步的实践发现，引起乳腺炎的病原微生物，除停乳链球菌、金黄色葡萄球茵等细菌外，还有病毒、支原体及真菌，而且由病毒、真菌、支原体等病原所引起的乳房炎在生产中变得越来越常见。乳腺炎病原的多样化，要求我们在治疗乳腺炎上不能只着眼于抗生素的治疗，还应该注意选用相应的抗病毒药、抗支原体药和抗真菌药。

（2）免疫增强剂治疗

隐性乳腺炎的发病率高达 20% ～ 70%，造成的损失非常巨大。但实验证明，抗生素对隐性乳腺炎的治疗作用几乎为零，寻找隐性乳腺炎的治疗方法也就成为了奶牛工作者的一个共同愿望。近年来大家发现，利用免疫增强剂可提高奶牛乳腺的免疫能力，是治疗奶乳隐性乳腺炎的一个有效方法。目前，所用的免疫增强剂主要有盐酸左旋咪唑、黄腐酸、黄芪多糖、几丁聚糖、细胞因子等。

（3）促上皮生长因子治疗

任何乳腺炎的病理过程，都包括了对乳腺上皮的损伤，在治疗乳腺炎的过程中，如果能充分地促进乳腺上皮细胞迅速再生修复，那么就可以大大提高乳腺炎的治疗效果，加速泌乳性能的恢复和提高。促上皮生长因子是从葡萄籽皮中提取的，也可通过大肠杆菌转基因技术生产促上皮生长因子，这个东西最早用于外伤治疗和化妆品之中。实践证明，把促上皮生长因子用在乳腺炎的治疗上，既可提高乳腺炎的治愈率、还可促进泌乳功能的恢复，进一步提高了乳腺炎的治疗效果。

（4）中药治疗

随着乳品卫生标准的提高，“无抗奶”已成为奶业生产的一种必然要求，迅速开发无残留的乳房炎治疗药品，也成为奶牛生产者的一种迫切要求。目前，我国已先后开发出好几种治疗乳腺炎的中药制剂，在临床应用中获得了较满意的治疗效果，随着有机化学技术的迅速提高，中药在疾病临床应用上的价值越来越受到重视，中药对慢性病的治疗表现出了得天独厚的优势。其药物主要有以下几种。

双丁注射液是紫花地丁和黄花地丁的混合提取物。可用于乳房灌注，也可用于肌内注射。

六茜素注射液是从中药中提取的一种抗菌成分，现在兰州畜牧兽医研究已经用化学方法人工合成出了“六茜素”，有些实验报道，此药对临床型乳腺炎的治愈率达 80% 以上。本药品无任何残留，可肌内注射也可乳房灌注。

除此之外，还有一些中药被用在治疗乳腺炎上，如鱼腥草、蒲公英、金银花、瓜蒌及蜂胶制品等。从中药方剂来看有许多治疗乳腺炎的中药，但由于其有效成分没有能被提取出来，从而极大地限制了中药在治疗奶牛乳腺炎上的推广应用。

另外，醋酸洗必泰也被用来治疗奶牛乳腺炎，醋酸洗必泰对细菌和霉菌引起的乳房炎均有疗效，但不属于抗生素类药、它属于一种防腐杀菌药，不影响乳品卫生质量，无药物残留。

（5）激素治疗

目前，用来治疗奶牛乳腺炎的激素类药物主要有，氢化可地松、地塞米松和催产素。

（6）具体治疗方法

治疗乳房炎时，增加挤奶次，充分挤出乳房中的凝乳絮片，是提高药物治愈率的一个前提条件。具体治疗方法有以下几种。

热敷按摩治疗：随着透皮剂在兽医临床上的应用，热敷按摩这种传统的治疗方法在治疗奶牛乳腺炎上，又引起了人们的重视，在中西药成分中加入透皮剂，通过涂擦按摩，可使药物成分直接进入乳房的病变或硬块中，从而起到局部的消炎、消肿、止痛、散瘀作用。

乳房内注射法：对于轻度临床型乳房炎及重度临床型乳房炎，用乳房内注射法进行治疗，不但方便有效，而且还可降低医疗费用。但治疗时一定要严格消毒，防止将其他病原微生物带入乳腺内。用于乳房内注射的药物主要有，青霉素、青霉素 + 链霉素、氨苄青霉素 0.5 g、螺旋霉素 250 mg、新霉素 500 mg、金霉素 200 mg、红霉素 300 ～ 500 mg、先锋霉素 0.5 ～ 2 g 等，一天两次，挤奶后用奶针从乳头注入。由于乳腺发生乳房炎后会影响注入药物的扩散，可在灌注治疗之前注射催产素，使乳腺腺泡中的乳充分排空后再进行注药（但怀孕牛不能用此法）。对重度临床型乳房炎最好配合全身抗生素治疗。

封闭治疗：封闭治疗主要包括乳基封闭和会阴神经封闭两种治疗方法。用 0.25% ～ 0.5% 的普鲁卡因 150 ml，进行乳房基部注射，再配合全身注射抗生素进行治疗，以减少发病乳区的疼痛，加强患病乳区乳腺细胞的新陈代谢；也可同时加入青霉素 160 万 IU+ 链霉素 100 万 IU 进行乳基封闭治疗。

全身治疗：全身治疗可用青霉素 + 链霉素、四环素、泰乐菌素（125 mg/kg 体重）、新霉素等，对重度临床性乳房炎及急性全身性乳房炎，要注意对症治疗、补糖、补液、补充维生素，并要注意酸碱平衡的纠正，还可配合抗病毒药物及皮质激素类药物进行治疗。

五、奶牛不孕症

奶牛不孕症是指其暂时性的不能生育，而不育则是指永久性的不能生育，二者在概念上是不一样的，奶牛达到配种年龄后或产后 6 个月不能配种受胎者均属不孕症之列。也可以认为，不孕症是多种因素作用于机体而引起的一种综合表现。如果奶牛不能怀孕产犊，就不可能产奶，所以说怀孕产犊是牛产奶的前提。不孕症在牛群中所造成的淘汰率占到了牛群总淘汰率的 1/3，是严重影响奶牛经营效益的一大障碍，也是奶牛的一个常发病和多发病。实践统计表明，在 10 头奶牛中，如果每头奶牛配种延迟 1 个月，所造成的经济损失就相当于少养了 1 头牛。这就是不孕症被列为奶牛“四大疾病”之一的原因。

对奶牛来说，不孕症不但常发而且难治，所涉及的致病因素和疾病种类较为复杂，临床上还无特异的治疗方法和特效药，所以，综合防制就显得十分重要。防制奶牛不孕症不仅要做好针对性的治疗，还必须把好如下“四关”。

1. 把好发情鉴定关

正确判定母牛发情，不漏掉发情牛，不错过发情期，是防止奶牛不孕症的先决条件。

母牛的正常发情主要表现为，兴奋不安，食欲减少，哞叫，运动加强，追爬其他母牛或接受其他牛爬跨，两后支撑开，拱腰，尿频量少，尾根抬起或摇晃，外阴部松弛、肿胀、黏膜充血潮红，子宫颈口开张，常从阴门中流出透明黏液。

对奶牛应在每日的早、午、晚做好仔细的发情观察，对不发情或隐性发情的牛，应采取如下检查处理：

一是进行阴道检查，观察阴道黏膜、黏液状态及子宫颈口开张情况；二是进行直肠检查，触摸子宫、卵巢及卵泡的状况；三是可用适当的催情药进行催情，如肌肉注射氯前列烯醇注射液 4 mL 或肌内注射孕马血清以促使发情和排卵。

2. 把好适时配种关

在正确发情鉴定的前提下，掌握正确的配种时间是提高奶牛受胎率的关键一环。为此，必须做到以下几点。

一是掌握该母牛的发情和配种情况，建立详细的配种记录；二是严格遵守人工授精的无菌操作规则，严格进行精液品质检查，做好冻精解冻，正确掌握输精时间，输精部位要准确；三是对配种 2 ～ 3 次尚未受孕的母牛，可采取在临输精前向子宫内送入青霉素 40 万～ 60 万 IU 的方法。

3. 把好分娩护理关

分娩时搞好产房的护理是确保产后母牛再次发情配种的重要措施。因为母牛在产房期间的护理会直接影响到泌乳、子宫恢复及下胎的配种受孕。为此，必须做好以下几点。

（1）母牛应该尽量做到自然分娩，避免过早的人工助产

必须助产时，要让兽医进行助产。助产时要做好卫生消毒工作，防止产道损伤，减少产道感染。

（2）对胎衣不下的牛应进行及时的治疗处理

凡胎衣不下的牛，可剥离后用抗生素进行子宫灌注。如胎衣粘连过紧，不易剥离者，可向子宫灌注抗生素或子宫净化专用药（金霉素 2 g 或

土霉素 4 g 或宫康Ⅰ号注射液），隔日或每日 1 次，直到阴道流出的分泌物清亮为止。

（3）做好母牛出产房的健康检查

产后 7 天、15 天各产道检查 1 次。产道检查正常者可出产房。凡子宫内膜炎或胎衣不下者，一律在产房内治愈后才能出产房。出产房的母牛必须具备 3 个条件：一是食欲、泌乳正常，全身健康无病；二是子宫恢复正常；三是阴道分泌物清亮或呈暗褐色，无臭味。

4. 把好饲养管理关

搞好饲养管理是增强牛体健康，减少营养性不孕症的基本措施。母牛若精料过多又运动不足，则容易导致母牛过肥，造成奶牛发情异常，妨碍受孕。高产奶牛若精料饲喂过多，更易引起代谢性疾病，造成不孕。犊牛生长期营养不良，发育受阻，会影响生殖器官的发育，易造成初情期推迟，初产时出现难产或死胎，既影响繁殖性能，也影响其产乳性能。另外，运动与阳光浴对防止奶牛不孕有重要作用；牛舍通风换气不好，空气污浊，过度潮湿，夏季闷热等恶劣环境，危害牛体健康，阻碍母牛发情。在饲养上要保证饲料优质全价，保证充足的维生素、矿物质，饲料多样化。

六、奶牛蹄病防治技术

奶牛蹄病（图 5–13、图 5–14）是当今世界奶牛业所面临的比较严重的问题之一，其发病率仅次于乳腺疾病和生殖疾病。有报道指出，在奶牛肢蹄病中 88% 为蹄病；在国内的有些奶牛场成乳牛的蹄病发病率高达 32%。患蹄病的奶牛生产性能明显下降，严重者因此而被淘汰，给奶牛业造成了严

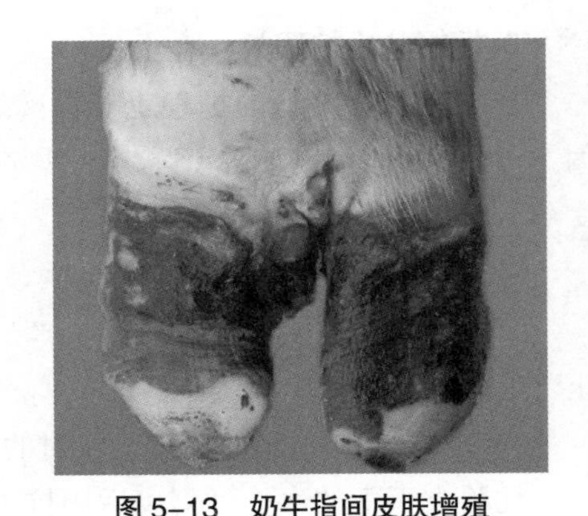

图 5–13　奶牛指间皮肤增殖

（资料来源：齐长明，《牛病彩色图谱》，2011）

重损失。蹄病种类较多，其发病原因也不尽相同，单一的预防或治疗方法效果不佳，所以防治蹄病必须注重综合防制。

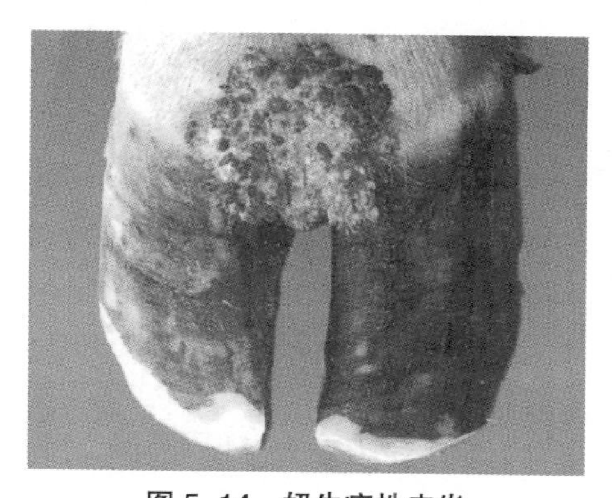

图 5–14　奶牛疣性皮炎

（资料来源：齐长明，《牛病彩色图谱》，2011）

1. 蹄病预防措施

坚持蹄浴：把喷雾器的喷嘴去掉，直接将 4% 的硫酸铜溶液喷射到（趾）指间隙、蹄壁及蹄球部，每周 1 ～ 2 次，每头牛每次的用量约为 300 ml，每次喷蹄前应冲洗干净蹄部泥粪。

饲料中添加硫酸锌：每头牛每日添加硫酸锌 2 g，均匀混于精料之中饲喂。

修蹄：安排专职人员修蹄，保证每头每年至少有一次检蹄和修蹄机会，发现蹄型不正、变型蹄等要及时进行处理（图 5–15 至图 5–17）。

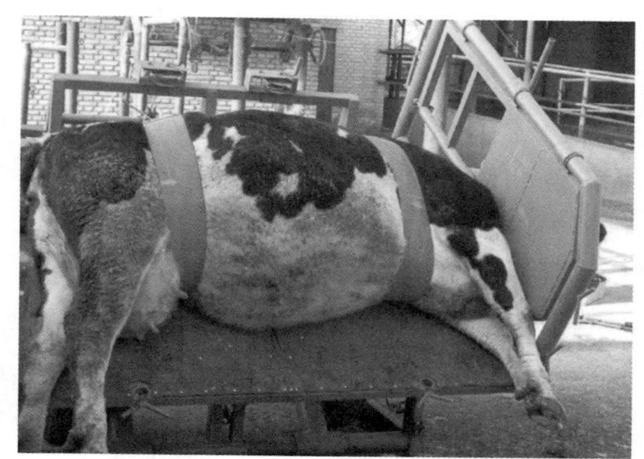

图 5–15　自动翻转式奶牛修蹄架

保证运动场干燥不积水：保证足够的运动场面积，运动场在设计上要注重积水的排流，

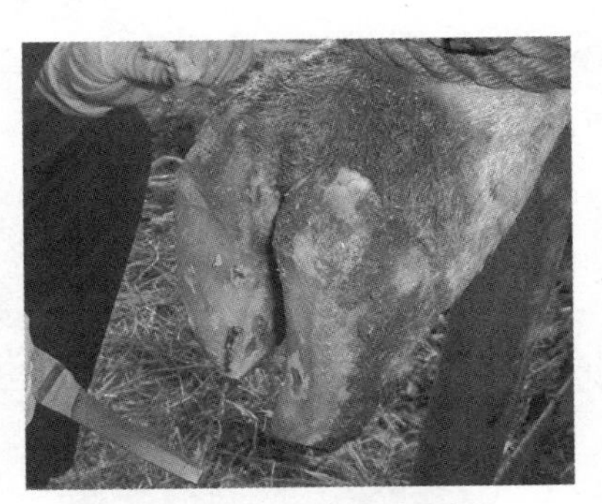

图 5–16 奶牛修蹄实景

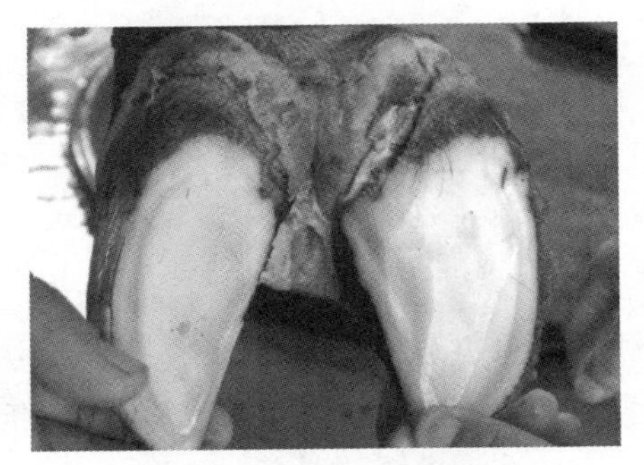

图 5–17 奶牛修蹄实景

（资料来源：齐长明，《牛病彩色图谱》，2011）

以“蘑菇形”较为理想，最好在砖基或水泥基运动场上铺垫一层沙子（约 15 cm 厚）。

及时治疗肢蹄病：要重视肢蹄病的治疗，保证有专用修蹄架或柱栏，无设备保障的牛场根本就谈不上蹄病防治。

2. 蹄病治疗技术

（1）打蹄绷带

主要是为了保护患指（趾）伤口免遭损伤或防止感染。常用于蹄底溃疡、蹄外伤、修蹄失误等情况。打蹄绷带前要将病变部坏死组织清理、清洗干净，用防腐消毒液（4% 硫酸铜、0.1% 新洁尔灭、0.1% 高锰酸钾液、1% 来苏尔溶液等）清洗消毒患蹄，然后创内放入松馏油或磺胺粉或蹄炎膏等药。病灶创液较多或不能充分清理干净时不宜打蹄绷带，或要注意病灶中创液是否能流出。

（2）装置木块或橡胶块

此方法的主要是为了让使患指（趾）不负重，使奶牛疼痛减轻，从而达到促进患指（趾）尽早康复的目的。

装木块前，应将健康指（趾）削平并保持合适角度，木块或橡胶块应粘贴在健康蹄的底面，粘贴要牢固。木块的厚度为 2 ～ 3 cm，固定时间一般约为 4 周；蹄绷带和健指（趾）装木块相结合使用。

（3）穿蹄靴

给蹄病牛穿蹄靴（图 5–18、图 5–19）是一种方便有效的护蹄措施，现代化学合成工业的快速发展促进了蹄靴在奶牛蹄病防治上的应用，现在的蹄靴使用方便、省事很有推广应用价值。

图 5–18 蹄 靴

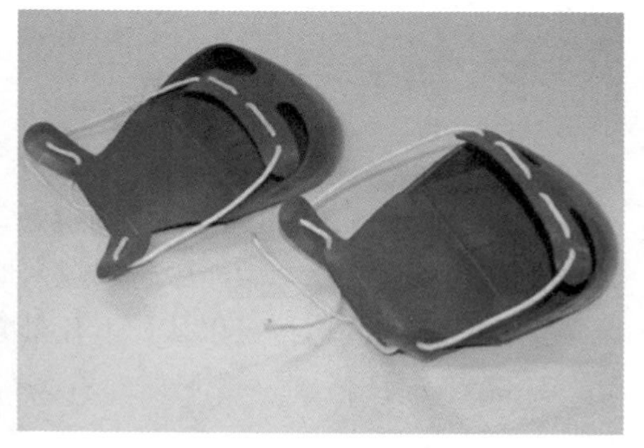

图 5–19 蹄 鞋

（4）蹄尖固定

对于开蹄我们可以采用蹄尖固定的方法进行矫正。用手钻或电钻在两指（趾）各打一穿孔，然后用金属丝将两蹄尖向一起牵引固定（图 5–20），使两指（趾）尖的距离保持在约 1 cm。蹄尖固定不仅用于开蹄的矫正，也可防止蹄尖上翻；施行指（趾）间皮肤增生切除手术后，采用蹄尖固定术还有利于手术的愈合。

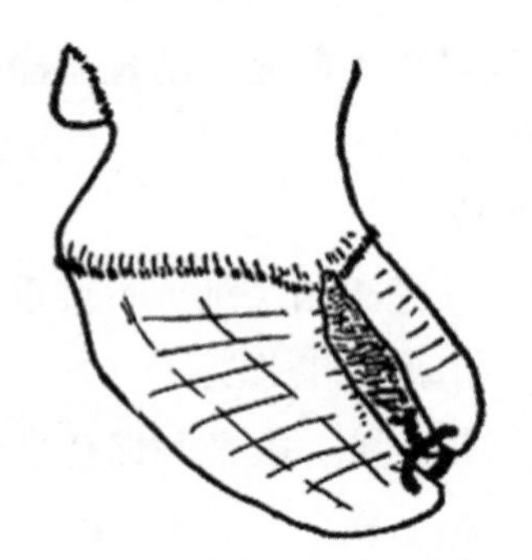

图 5-20　蹄尖固定（示意图）

（5）蹄匣涂油

对于质地硬而干燥的蹄匣，为了防止蹄匣干裂等蹄病的发生，可以采用蹄匣涂油的方法，给蹄底、蹄踵、蹄冠、蹄壁涂油。蹄匣涂油可使牛蹄保持适度的湿度，涂油可防止蹄中水分的散发和过度吸收。蹄油以植物油为好，植物油不溶于水，有黏性，涂体均匀，不腐败。

七、奶牛代谢病防控

随着奶牛产奶量的巨大提高，酮病、妊娠毒血症、产后瘫痪、蹄叶炎等代谢病的发病率和危害性逐年上升。代谢病在高产奶牛群中表现尤为突出，代谢病在奶牛生产中越来越多地引起人们的重视。

奶牛代谢病的监控可以从如下几个方面着手。

一是注意日粮钙、磷平衡，有条件者可每年随机抽查一部分高产个体。

二是有条件者可在产前检测尿的 pH 值和尿酮，检查结果为可疑或阳性者可用糖钙疗法或其他方法进行防治。

三是高产牛在泌乳高峰期，应在精料中加喂 1.5% 碳酸氢钠。

四是对高产、体弱，食欲不振的牛，在产前一周可适当补 20% 葡萄糖酸钙 1 ～ 3 次，以增强其体质。

五是对高产牛可进行产后体温、血钙、血磷等指标监测。

六是可针对相应个体，进行产后灌服营养元素的方式进行综合防控。

附 录

奶牛养殖常见问题

1. 什么是健康养殖?

健康养殖是依据我国国情与养殖现状，在养殖管理技术不断发展、丰富、完善的基础上形成的一个具有中国特色的畜牧业科学发展之路。“健康养殖”于20世纪90年代中后期由我国海水养殖界率先提出，随后逐渐向淡水养殖、生猪养殖、家禽养殖、奶牛养殖等畜牧养殖行业扩展。2007年1月26日，国务院出台了《关于促进畜牧业持续健康发展的意见》，提出了大力发展健康养殖的指导思想，指出健康养殖势在必行。2009年的中央“一号文件”进一步提出，要加快畜牧水产规模化、标准化健康养殖。

健康养殖是以优质、安全、高效、无公害为主要内涵，以数量、质量和生态效益并重的现代养殖模式。健康养殖以保护动物健康、保护人类健康、生产无公害畜产品为目的，其核心就在于体现经济效益、社会效益、生态效益的高度统一。做好奶牛健康养殖的关键环节是：奶牛来源健康、饲料安全、饲养管理科学规范、疫病防控绿色有效、环境安全无污染。

2. 先挤奶后喂牛好？还是先喂牛后挤奶好?

挤完奶后上槽喂牛要比先喂牛后挤奶好。喂完牛后再挤奶，经过采食及挤奶过程，牛已经相当疲劳，往往会立即卧地休息，这时由于刚挤完奶，乳头管口还未能充分闭合，乳头与圈舍环境中的污物接触就很容易引起乳房炎。如果先挤奶，然后再喂牛就可避免这一问题，由于挤奶前没有喂牛，挤奶后牛就会等吃饱了才会卧地休息，经过较长的站立采食，乳头管口已经完全闭合，乳头与地面接触也不易引起乳房炎。

3. 奶牛日粮中添加小苏打有什么作用？添加过量的判定标准是什么?

碳酸氢钠又名小苏打，是奶牛生产上常用的一种添加剂，给牛添加一定量的小苏打可调节瘤胃内环境的酸碱度，可防止奶牛胃酸及慢性瘤胃酸中毒的发生。另外，添加适量的小苏打有益于瘤胃内消化纤维的细菌生长，提高消化率和细菌蛋白的合成，还可提高采食量、减轻热应激。一般添加量为精料的 1.5% ～ 2.5%。

虽然小苏打是一种很好的缓冲剂，但也要防止滥用。不合理地给奶牛添加小苏打不仅会导致成本浪费，也会对奶牛造成不良影响。

是否需要添加小苏打或添加是否过量，我们可以通过用 pH 值试纸测尿液酸碱度的方法来确定，pH 值试纸是通过颜色变化来显示酸碱度高低的一种实验方法，操作简单、直观，不需进行专业性培训。奶牛尿液正常的 pH 值为 7.2 ～ 8.7，用 pH 值试纸测尿液时，如果 pH 值在 8 以上时，则不需要添喂小苏打。

4. 什么是奶牛阴离子日粮？日粮中添加阴离子有什么作用？

阴离子日粮是指阳离子（钾、钠）含量低，阴离子（氯、硫）含量高的日粮，也叫负离子平衡日粮。阴离子日粮是通过向奶牛日粮中添加阴离子盐类制剂来完成的。在奶牛饲料中添加阴离子盐预防产后疾病，是近年来的一种新科技。

饲喂阴离子日粮可提高奶牛产后血液中游离钙的浓度，缓解奶牛因分娩而引起的血钙浓度急下降，显著降低奶牛产后瘫痪和产后亚急性低血钙症的发生。研究发现，奶牛产后许多疾病的发生与产后低血钙有关，所以通过控制产后低血钙症的发生，可明显减少胎衣不下、酮病、真胃移位、子宫复旧不全、产后子宫内膜炎及乳房炎、不孕症、脂肪肝、乳房水肿等疾病的发病率。

初步的奶牛生产应用表明，日粮中添加阴离子制剂可有效防止产后疾病的发生、有效提高奶牛的和产性能。其具体功效如下：日粮中添加阴离子可使奶牛产后瘫痪的发病率下降 50%，产奶量提高 3.6% ～ 7.3%，胎衣不下的发病率下降 75%，怀孕率提高 17% ～ 19%，空怀期减少 14 天，延长奶牛寿命。

5. 犊牛水中毒是怎么发生的？如何防治？

犊牛水中毒是由于犊牛一次性喝入大量水引起的一种阵发性血红蛋白尿症，也叫水中毒，一般发生于8月龄以下的牛，尤其是断乳前后的犊牛。

有些奶牛饲养者观察发现，冬季给犊牛饮用温水后，一些犊牛会排出红色尿液，呈现发病症状（水中毒症状），因此，他们认为冬季不能给犊牛饮温水或热水，其实这是一种错误认识。犊牛冬季饮用温水或热水后表现水中毒症状，一方面说明犊牛已经出现了不同程度的饮水不足；另一方面说明冬季用温水来改善犊牛饮水不足时，应该控制一次性饮水量，增加饮水次数。冬季饮水不足或犊牛缺水，会对犊牛的整体发育造成显著影响，导致育成成本增大及牛的生长速度和体质下降。冬季给犊牛饮用温水，禁饮冰水或冰碴儿水，可以提高犊牛自身的免疫力，减少腹泻、冬痢、肺炎等疾病的发生，有利于犊牛健康成长。

发病轻的犊牛，只要增加饮水次数或让其自由饮水，杜绝暴饮，病犊可以逐渐康复，不治而愈。发病重的犊牛，具有神经症状，可用镇静药和静脉输注高渗溶液，如10%高渗盐水或葡萄糖溶液，每次静注200～300 ml。

防止暴饮是预防本病的关键。采用自由饮水或冬天充分保证足够温水，可有效预防本病。

6. 防治干奶期乳房炎有哪些措施？

干奶期乳房炎就是奶牛在干奶期发生的乳房炎。在临床上一般表现为产后第一次挤奶就表现出乳汁异常（有凝固絮片等）、乳房肿胀、皮肤发红、乳房变硬等现象。

在干奶初期，由于乳腺功能的突然改变及乳汁在乳腺中的残留，为病原微生物在乳房内繁殖创造了条件。在干奶期的中后期，由于乳腺细胞发生变性及代谢水不降低，对微生物的抗感染力明显降低，微生物极易感染乳腺，干奶期是奶牛乳房炎发病率较高的一个时期，而且对整个泌乳期的泌乳能力影响较大，所以，一定要做好干奶期乳房炎的防制工作。干奶期乳房炎防治措施如下。

药物停奶可有效地降低干奶期乳房炎的发病率，也是治疗干奶期乳房炎的一种有效方法。

停奶前要注意乳房及乳汁的观察，对患有临床型乳房炎的牛要经治疗后再进行停奶。

停奶前 10 天，应该做好隐性乳房炎的监测工作，对“++”以上的强阳性牛，经过适当治疗后再进行停奶，对“++”以下的乳牛停奶时干奶药要加倍（隐性乳房炎的检测可用摇盘法或电导率测定法、体细胞计数法），停奶前 3 天再检测一次。

停奶后不要再按摩、刺激乳房，否则不利于停奶，也会增加乳腺炎的发病率。停奶后如果发现奶牛患上了乳房炎，要及时进行治疗，等治愈后再重新停奶。

在选用停奶药时，要选用药效持续时间长、抗菌谱宽、并能促进乳腺上皮细胞修复的干奶药进行干奶。单纯用抗生素药膏进行的停奶方法，其预防干奶期乳腺炎的作用是不十分理想的。干奶药的技术含量在这几年中提高得非常快，由于在干奶药中加入了缓释剂，其药效在乳房中可维持 21 天以上，可以有效地防止或降低干奶期乳房炎的发生。

7. 诊疗奶牛排卵延迟及不排卵有什么办法?

排卵延迟是指排卵时间向后推移，不排卵是指发情时有发情的外表症状但不排卵。

排卵延迟时，卵泡的发育和外表发情症状都和正常发情一样，但发情持续时间延长，牛一般延长 2 ～ 5 天，直肠检查时卵巢上有卵泡，最后有的可能排卵，有的则会发生卵泡闭锁。在诊断排卵延迟时要注意和卵泡囊肿相区别。

不排卵时，有发情的外表症状，发情过程及周期基本正常，直肠检查时卵巢上有卵泡，但不排卵，屡配不孕。

对排卵延迟及不排卵的患牛，除改善饲养管理条件外，可应用激素进行治疗。

当牛出现发情征状时，立即注射促黄体素 200 ～ 300 IU 或黄体酮

50 ～ 100 mg，可起到促进排卵的作用。

对于确知由于排卵延迟或不排卵而屡配不孕的母牛，在发情早期，可注射雌激素（己烯雌酚 20 ～ 25 mg），晚期注射黄体酮，也可起到较好的治疗效果。

8. 奶牛真胃变位的发病原因及防治措施有哪些?

（1）真（皱）胃弛缓是引发本病的一个基础病因

精料饲喂量过多，必然会导致真胃负担过重，其结果就会引起真胃的收缩能力和弹性下降，真胃收缩力的下降就可以导致真胃体积变大、弛缓，从而引发真胃变位。奶牛发生真胃变位后，我们常常发现真位的体积要比正常大 1 ～ 2 倍，这就是真胃收缩无力、弛缓的具体证明。副料或糟粕料（如啤酒糟、甜菜渣、淀粉渣等）饲喂太多，与精料饲喂过多有相似的影响。工厂化生产过程中的工艺流程或添加的化学物质会进一步损伤真胃的功能。产后低血钙是引起真胃收缩功能减弱的又一个危险因素。真胃弛缓还可继发于其他疾病，如前胃弛缓、消化不良、酮病、产后瘫痪等病均可继发真胃弛缓。

（2）瘤胃弛缓也是导致真胃变位发生的原因之一

长期饲喂粗硬难消化饲料；长期只喂青贮料不喂干草或以玉米秸代替干草；会导致瘤胃蠕动力量下降、体积增大、瘤胃内容物沉积增多。当瘤胃压在移位的真胃上时，真胃就难以在瘤胃的蠕动过程中回缩到原来位置。

（3）分娩是引起奶牛真胃变位的直接原因

95% 以上的奶牛真胃变位发生于分娩后，其中，大多发生于产后 6 周以内，这一现象提示我们，本病的发生与分娩有直接关系。分娩过程导致此病发生，除了简单的物理因素外，更重要的是分娩过程的应激及产后发生的一系列生理及代谢功能的变化。头胎牛本病发生率显著高于其他胎次的牛，因为头胎牛的分娩应激远大于其他胎次的牛这也是众所了解的一个现象。

（4）品种改良及选育方向也是导致本病发病率升高的原因之一

在奶牛育种上，我们一直选育后躯较大的牛，因为后躯大，则采食量大、乳房大、产奶量高，但腹腔容积变大增加了真胃活动的空间，可促进本病发生。

（5）体位突然、异常改变是导致本病发生的一个偶发因素

牛跳跃、追爬、跌跤等体位突然的异常改变，可导致内脏器官及真胃的异常移位或变化，但这种现象在正常的饲养管理过程中是较少见的，所以说体位突然、异常改变是导致本病发生的一个偶发因素。

对于奶牛真胃变胃的防治而言，手术整复是治疗奶牛真胃变位的一个确实有效的方法。消除奶牛真胃变位发生原因是预防本病发生的根本出路。

9. 预防奶牛产后瘫痪有哪些技术措施?

干奶后一个月给母牛用低钙高磷日粮。每头每天的钙量限制在 60 g 以下，钙磷比例为 1∶1 至 1.5∶1，以充分激活甲状旁腺功能，提高机体动用骨钙的能力。分娩后立即将母牛日粮钙量提高到 125 g 以上。

分娩后或分娩前 1 ～ 2 天，静脉输钙，或在产后饮服乳酸钙。

分娩前 2 ～ 7 天，可肌内注射维生素 D 1 000 万 IU，临产时重复 1 次。

母牛妊娠后期减少蛋白质饲喂量，防止过肥，促进消化机能。

产后 3 天之内不要把奶挤干净。

干奶后期补喂硫酸镁、氯化铵、硫酸铵氯、氯化钾等，以补充和纠正其阴阳离子的不平衡。

干奶期不要喂小苏打。

奶牛产后立即灌服“新钙磷镁”口服液 3 天，每天 1 瓶。

10. 奶牛群发病有什么规律、特点?

对牛群的发病数据进行分类统计表明，奶牛以产科病发生最多，占 36%；消化系统疾病占 32%；呼吸系统疾病占 18%；外科病占 7.7%；其他疾病占 6.3%。

成年奶牛主要的消化系统疾病有前胃弛缓(占消化系统总发病数的 21%)、瘤胃臌胀和瘤胃积食。近年来，真胃移位的发病率有增高的趋势。

犊牛主要是犊牛下痢，占总发病数的 46%。

产科病主要发生于成年牛。其中，乳房炎最多，占产科病总发病数的 56%，其次为胎衣不下，占 27%。

呼吸道疾病主要发生于犊牛，其中，以上呼吸道炎症、感冒为多。

外科疾病常见于成年牛，其中，以蹄病最多，占外科病总发病数的 93%。

综合上述可以看出，成年牛的主要疾病是乳房炎、蹄病和胎衣不下；犊牛主要疾病是犊牛腹泻和感冒。

参考文献

[1] 侯引绪．奶牛场疾病防治岗位教程[M]．北京：中国农业出版社，2011.

[2] 侯引绪．奶牛修蹄工培训教材[M]．北京：金盾出版社，2008.

[3] 侯引绪．奶牛防疫员培训教材[M]．北京：金盾出版社，2008.

[4] 侯引绪．牛羊生产技术[M]．北京：中国农业科学技术出版社，2008.

[5] 齐长明．奶牛疾病学[M]．北京：中国农业科学技术出版社，2006.

[6] 侯引绪．新编奶牛疾病防治．内蒙古：内蒙古科学技术出版社，2004.

[7] 赵德明．养牛与牛病防治（第二版）[M]．北京：中国农业大学出版社，2004.

[8] 肖定汉．奶牛病学[M]．北京：中国农业大学出版社，2002.